Notice historique

sur

l'ancien grand cimetière

et sur les

cimetières actuels

de la ville d'Orléans.

1846

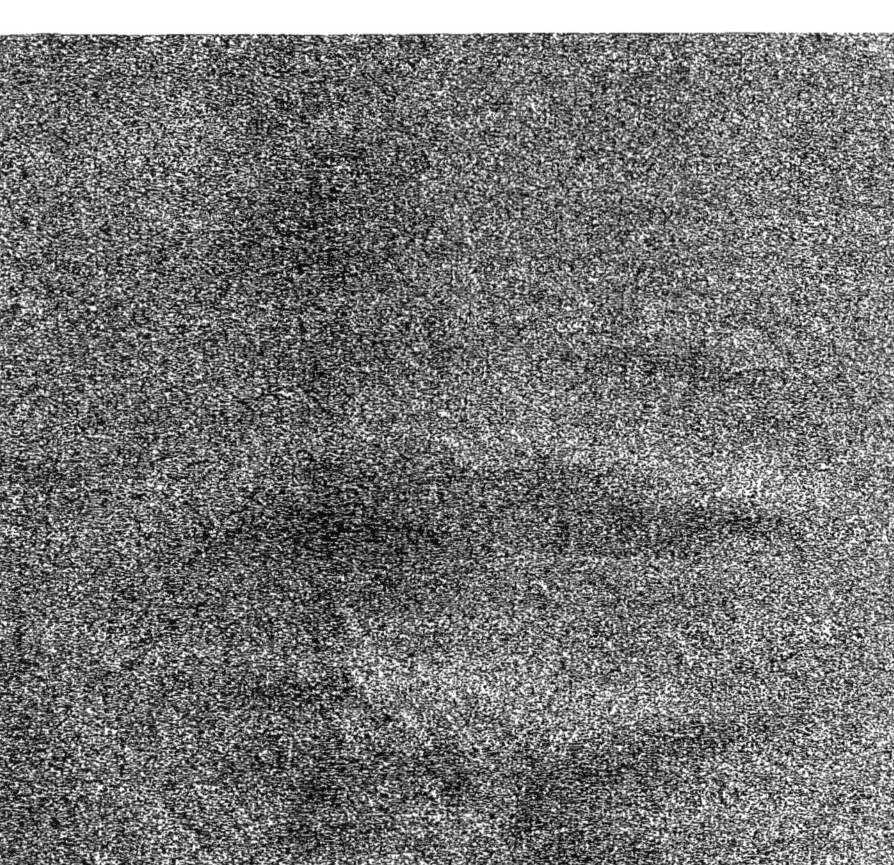

Le Plan du grand cimetière n'étant pas prêt, nous plaçons dans
cette livraison la lithographie de l'église Souterraine de
St Aignan, que l'on voudra bien remettre à sa place, avec
les inscriptions de cette église —

2e Livraison

Cimetières d'Orléans.

Notice historique

sur

Lancien grand Cimetière

et sur les

Cimetières actuels

de la ville d'Orléans

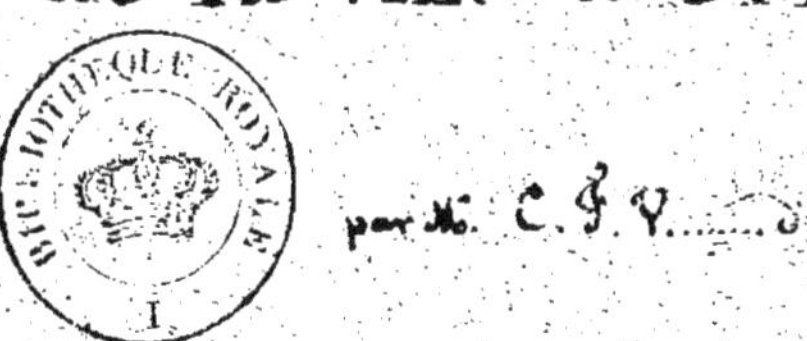

par M. C. F. V.....t

à Orléans chez Beaufort Guyot libraire, Cloître J. Samson.
Imprimerie lithographique de Senefelder et Compᵉ à Paris.

Notice historique

sur

l'ancien grand cimetière

et sur les

Cimetières actuels

de la ville d'Orléans

par M. C. F. V....

1824.

Autographié sur Pierre de Châteauroux.

Croquis du Portail de l'ancien Cimetière.

Lith. de Senefelder et Ce.

A Monsieur le Comte de Rocheplatte
Maire de la Ville d'Orléans.

Monsieur

Ce fut toujours sous des administrations sages et constamment occupées du bonheur de leurs concitoyens, que les sciences et les arts furent protégés, et que les hommes jeunes encore dans les lettres mais animés par le désir honorable de les cultiver avec succès reçurent des encouragemens.

Notre Ville doit à vos soins des établissemens utiles et des embellissemens qui sans doute y développeront de plus en plus le goût des beaux-arts.

J'ai personnellement éprouvé combien vous appréciez les moindres essais des Orléanais par l'indulgence avec laquelle vous avez bien voulu accueillir mes faibles travaux.

L'intérêt que vous avez daigné me témoigner me fait un devoir de vous offrir l'hommage d'un recueil qui appartient à l'histoire de notre cité. Je désire vivement qu'il puisse mériter votre suffrage.

Je suis avec un profond respect

Monsieur

Votre très humble et très obéissant
Serviteur

C. F. V......

Envoi à mon Père

Une saine philosophie et l'amour des beaux-arts vous ont aidé à parcourir avec courage une longue carrière et vous ont servi de consolation dans ces orages politiques qui dévastèrent notre belle patrie.

Aucun sacrifice ne vous a coûté pour donner à vos fils une éducation soignée dans ces tems malheureux où la science était un crime, où la jeunesse était condamnée à l'ignorance. Vous saviez combien l'étude présente de ressource et combien les lettres et les arts apportent d'adoucissement aux peines qui traversent notre carrière; pénétré de cette vérité, vous avez mis tous vos soins à les en convaincre; leurs foibles succès vous ont été toujours chers, et dans un âge très avancé, vous les voyez avec satisfaction chercher un délassement dans les sciences et en faire leurs plus chères délices.

Vous ne recevrez donc point avec indifférence cette notice dictée à votre fils aîné par l'amour de son pays; vous lui saurez sandoute quelque gré de ses recherches sur un édifice que vous avez tant de fois admiré dans votre jeunesse et qui n'existera bientôt plus que dans la mémoire des contemporains.

Avertissement.

La plupart des Monuments publics qui auraient pu braver les ravages du tems sont détruits souvent par la main des hommes, dont les passions anéantissent en peu d'instans des chefs d'œuvre qui avaient couté à leurs ayeux tant de sacrifices, de peines et de soins. quelquefois aussi la destination de ces Monumens vient à changer et alors les besoins nouveaux auxquels on les applique dénaturent leur aspect et leur construction première.

Sous ces deux rapports, que de services importans n'ont pas rendus à l'histoire les contemporains qui nous ont transmis la description des Monumens remarquables qu'ils avaient vu édifier ou détruire! combien de doutes n'ont pas été éclaircis par les renseignemens précieux qu'ils nous ont laissés sur les faits qui s'y rattachent! que de lacunes historiques n'auraient point rempli de telles relations, si dans les premiers âges de notre Monarchie, il se fut rencontré un plus grand nombre de ces hommes érudits, qui, animés par le louable désir de transmettre à la postérité le souvenir de ce qui se passoit sous leurs yeux et dans les lieux qu'ils habitaient, eussent rédigé ces notes et rassemblé des documens sur les constructions, les dévastations, les réparations et réédifications des Monumens de leur pays!

En publiant cette Notice sur le grand Cimetière d'Orléans où l'on construit maintenant une halle au blé, Notre intention est de conserver le souvenir de l'ancienne destination de cet emplacement, qui fut pendant plusieurs siècles le dépôt de tant de générations successives, et de décrire l'état de cet édifice à l'époque de sa suppression. Nous y avons joint la copie de quelques unes des inscriptions et épitaphes qu'on y lisoit, et qui par leurs dates, leur style, ou les personnes dont elles honoraient la mémoire, nous ont paru dignes de fixer l'attention. Nous les avons extraites de deux recueils manuscrits et authentiques, qui sont déposés à la Bibliothèque publique de cette Ville.

Nous laissons aux littérateurs qui s'occupent spécialement de la recherche des antiquités nationales, le soin de se livrer à des dissertations plus étendues sur l'origine de ce cimetière et sur ses divers accroissemens. Nous nous sommes contentés de hazarder à ce sujet quelques réflexions que nous avons puisées dans les sources historiques qui nous ont inspiré le plus de confiance.

Parmi les ouvrages que nous avons pris pour guides nous citerons Symphorien Guyon, Le Maire, Polluche et Beauvais de Préau, qui ont écrit en des tems différens l'histoire de la Ville et du Diocèse d'Orléans. Nous avons aussi consulté quelques uns des nombreux manuscrits que M. l'Abbé Paland a légués il y a peu d'années à la Bibliothèque publique; il avait réuni ces matériaux avec un zèle infatigable pour composer une nouvelle histoire d'Orléans qu'il se proposait de publier; enlevé trop tôt aux lettres et à ses amis il n'a pu laisser à ses concitoyens que ce seul gage du vif intérêt qu'il portait à la ville qui l'avait vu naître. Nous avons enfin été aidés dans notre travail par des renseignemens particuliers et des éclaircissemens sur divers points que nous devons à l'obligeance de M. l'Abbé D...... (*) dont la vie entière a été employée à favoriser les progrès des sciences, à multiplier les recherches historiques sur Orléans et qui ne cesse encore de s'occuper de tout ce qui peut intéresser les habitans de cette cité.

Nous avons transcrit à la suite des épitaphes et des inscriptions du grand cimetière, quelques unes de celles qui se trouvaient dans les autres cimetières de la Ville, supprimés à la même époque; et dans les Eglises des Paroisses et des communautés religieuses qui ne subsistent plus aujourd'hui.

Afin de rendre cet ouvrage plus complet, nous avons cru devoir y ajouter des notices sur les cimetières actuels de cette ville et copier avec exactitude toutes les épitaphes des Monumens funéraires qu'ils renferment, ainsi que celles qui ont été conservées ou rétablies dans les différentes Eglises.

Si comme Nous l'espérons on veut bien accueillir avec indulgence et intérêt ce que nous publions aujourd'hui; Nous nous proposons de donner ensuite les inscriptions et les épitaphes des Cimetières, des Eglises et des Monumens les plus remarquables de notre Département.

Puisse le soin que nous avons pris de recueillir ces témoignages de la douleur publique ou particulière ne les protéger que contre la faux du tems; puissent ces Monumens eux mêmes attester par leur conservation à nos derniers Neveux la religion et la piété de leurs ancêtres.

Du Grand Cimetière.

Le grand Cimetière ou Cimetière commun d'Orléans était primitivement placé au nord de cette Ville et hors de son enceinte, suivant les usages anciens et les loix Romaines, que l'on continua longtems d'observer en France.

Aucun Auteur, aucune tradition ne nous indiquent l'époque à laquelle cet emplacement fut destiné aux sépultures; (1) mais en rapprochant quelques faits analogues de l'histoire d'Orléans, on serait porté à croire que ce fut en 854, du tems d'Agius, Évêque d'Orléans ou au plustard en 1029, sous le regne du Roi Robert.

Dans le neuvième siècle, la Ville d'Orléans avait peu d'étendue, et il n'est pas à présumer qu'elle eut plusieurs cimetières; d'ailleurs, les renseignemens que nous nous sommes procurés ne peuvent le faire conjecturer, et aucuns restes de constructions ne le constatent.

Le cimetière de St Aignan, qui existait alors et qui était placé hors de la Ville, près de l'Eglise du même nom (2) était déja tellement rempli qu'on ne pouvait plus y enterrer les corps sans risquer d'en déplacer d'autres; ce qui est attesté par une conceßion que fit Agius aux chanoines de cette Eglise en 854. Il leur permit par cet acte (3) de construire une chapelle et de créer un nouveau cimetière à la porte de Bourgogne actuelle pour y enterrer non-seulement les Ecclésiastiques mais aussi le reste des fidèles. Cette Chapelle, qu'on nomma d'abord la Chapelle de St Aignan, devint longtems après une Paroisse sous l'invocation de Notredame-du-chemin.

L'ancienneté du Cimetière St Aignan est fondée sur divers renseignemens qui laißent peu de doute sur son existence au tems de la domination Romaine dans les Gaules. (4). L'état dans le quel il se trouvait en 854 prouve que jusque-là il avait été le seul cimetière de la ville, et que son emplacement avait cette destination depuis un grand nombre d'années.

La quantité de terrain affectée par Agius à l'établißement du nouveau

6.

cimetière de la chapelle St Aignan est telle, que nous devons être certains que ce
cimetière remplaça le cimetière de St Aignan pour les inhumations de toute
la ville, mais nous pourrions penser que son éloignement de la ville et peut-être
son insuffisance déterminèrent peu de tems après à établir le grand cimetière.

Si nous supposions cependant que ce nouveau cimetière n'avait été créé que
comme supplémentaire, et que l'on continua d'enterrer en même tems dans
celui de St Aignan, nous devons croire que cet état de choses dura ainsi près de
deux siècles, et qu'il ne cessa qu'en 1029 époque à laquelle le Roi Robert réédifia
l'Eglise de St Aignan et dut autoriser les Chanoines à augmenter l'étendue de
leur Cloître en y renfermant le terrain qui servait de cimetière. Alors (et cette
opinion nous paraît assez probable) il devint nécessaire de choisir un autre emplacement pour les inhumations.

Mais, quelles que soient les conjectures que l'on puisse former sur la création du
grand cimetière, et sans nous y arrêter davantage, nous voyons par la description de ce cimetière et de ses chapelles, qu'il existait en 1266. et qu'il était fréquenté
par les fidèles qui venaient y prier, lorsque Robert de Courtenai, Evêque
d'Orléans y fit édifier la chapelle de St Vrain.

On appellait autrefois ce cimetière le Martroy aux corps, en latin Martyrium corporum (5.) et l'on ajoutait le plus ordinairement dans les actes cette
dénomination aux noms des chapelles qui en dépendaient. (6.)

Son étendue fut d'abord assez considérable relativement à la population de la
ville à l'époque de sa fondation; il se trouva néanmoins trop petit et insuffisant
en différens tems de guerre ou de Contagion, notamment en l'année 1475. lorsque
des habitans de l'Auvergne et du Bourbonnois fuyant la peste qui ravageait leur
pays, vinrent se réfugier à Orléans. On fut obligé d'y suppléer, et l'on choisit pour
la sépulture de tant de pauvres Pèlerins, un lieu nommé le Champ Carré situé hors
de la ville près de l'Eglise de St Vincent. (7) Ce nouveau cimetière fut béni par
Mr de Billac Evêque d'Orléans, et spécialement consacré aux étrangers (8.)

Le grand cimetière resta longtems placé hors des murs de la ville; il fut renfermé
dans son enceinte lors de son dernier agrandissement vers l'année 1486. sous le
règne de Charles VIII. Avant et depuis cette époque il fut décoré, réparé, augmenté
et embelli en différens tems.

Il fut administré pendant un grand nombre d'années par la confrairie
des écrivains d'Orléans. (voyez la note ..) Des Proviseurs, choisis parmi les habitans

les plus recommandables, furent ensuite chargés du soin de l'administrer et de son entretien. Ils recevaient les revenus des fondations pieuses qui étaient faites pour ce cimetière; ils payaient les Ecclésiastiques qui y disaient des Messes et veillaient à ce que le service divin s'y fît convenablement et régulièrement. Ils rendaient leurs comptes d'administration aux Maires et Echevins, et assistaient aux Processions de la Ville, telles que la Fête-Dieu et la Pucelle, précédés de Cierges moult grands, gros et beaux avec Cerisons aux armes de la ville et du Cimetière. (9.)

Il paroît que plus tard, on joignit aux Proviseurs d'autres personnes préposées aux fonctions qui leur étaient confiées; car on voit qu'en 1511. les Maîtres Gouverneurs et Proviseurs du Grand Cimetière représentèrent à Louis XII. qu'une rue qui longeait la principale Galerie de ce Cimetière empêchait que cette Galerie ne fût droite et le cimetière carré, pourquoi ils le suppliaient de leur permettre de supprimer cette rue, à la charge de la refaire un peu plus loin, et de dédommager les particuliers du terrain qu'on leur prendrait; ils ajoutaient que par là, en redressant la Galerie qui était difforme, on embellirait le Cimetière, ce qui engagerait d'autant plus les fidèles à y venir prier. Louis XII les renvoya par devant M. de Chamerolles Gouverneur et Bailli d'Orléans, qui leur donna un avis favorable, et ils obtinrent la permission qu'ils avaient sollicitée. Cependant ce projet ne fut mis à exécution que sous François premier, qui confirma au commencement de son règne l'autorisation accordée par son prédécesseur (10)

On commença vers 1521 à réparer les dégradations qui avaient été faites au cimetière. On supprima la rue qui, communiquant de la rue des Bons enfans à la place de l'Etape traversait la partie septentrionale du cimetière et longeait l'Eglise des Jacobins. On ouvrit à peu près dans le même tems, la grande Porte en face de Ste Croix, et l'on supprima l'ancienne entrée; enfin on travailla aux nouvelles Galeries, qui furent redressées et jointes aux autres.

Ce Cimetière subit en 1562. le sort de beaucoup de Monumens publics consacrés au culte Catholique Romain; il fut dévasté lorsque le Prince de Condé surprit Orléans; ses chapelles et ses Galeries furent en partie détruites. (11.) Quelque tems après les troubles, on répara ces Dévastations; la grande Galerie et la Galerie St Hubert furent construites et terminées en 1645 telles qu'on les voyait en 1787.

Avant ces désastres le grand cimetière était dit-on, remarquable par les Peintures et les sculptures qui l'ornaient (12.)

Les habitans d'Orléans conservaient de tems immémorial beaucoup de respect et de vénération pour cette dernière demeure des humains (13) Ils s'étaient

plus à l'embellir, à y fonder des services, et à constituer des dotations pour son orne-
-ment et son entretien. (14.) Jusqu'à la suppression de ce cimetière ils étaient dans
l'usage d'assister à l'Office qu'on y célébrait régulièrement. Les arbres dont il était
planté leur procuraient de l'ombrage dans les chaleurs de l'été; ses Galeries offraient
aux vieillards et aux enfans un abri contre l'intempérie des saisons; aussi ce
cimetière, malgré l'énorme amas d'ossemens (15.) qu'on avait entassés dans une de
ses parties, était devenu la promenade habituelle de la majeure partie des Orléanois (16.)

Le grand cimetière, depuis son aggrandissement terminé en 1645, formait un carré
long, entouré de quatre Galeries. Il avait cinq entrées, dont trois principales et deux Guichets.

L'ancienne entrée principale, qui fut supprimée en 1521, et remplacée par celle qu'on
ouvrit vis-à-vis de l'Eglise de Ste Croix, était entre la Chapelle de la Communauté ou de
St Lazare du Martroy aux corps et celle de St Vrain ou de Ste Anne; elle avait environ
(17.) six mètres de largeur (18.)

La principale entrée actuelle donnant sur la rue de l'Evêché vis-à-vis la Cathédrale,
était fermée par deux portes, l'une extérieure, l'autre intérieure. Le portique extérieur
n'offrait rien de remarquable, et le second était orné de très-belles sculptures, dont on
admire encore les restes (19. et planche 1ère.)

Au-dessus du portail intérieur on lisait encore en 1787 sur deux pierres placées
l'une à droite et l'autre à gauche, les inscriptions suivantes:

> triumphe a tout car la mort fierement
> Contre Empereurs, Papes, Rois, Ducs et Contes.
> Gentils, Villains, pour la fin de vos comptes
> fault comparoir au dernier jugement.

> Par accident qui a droit et revers
> Ce qui attainct de fureur extermine,
> Par aage aussi qui lentement chemine
> faist tous humains rendre viandé à vers.

Sur l'entablement on distingue à peine ces mots en lettres noires, et dont la forme an-
nonce qu'elles sont beaucoup plus récentes que le Portail : **IOB** - - - - - **XIX** . (20)

La seconde entrée, placée au milieu de la quatrième arcade de la grande
Galerie, à partir de la porte de Ste Croix, était en face de la rue du bon Pasteur,
aujourd'hui la rue Pavée; elle avait été élargie et embellie en 1692, d'après les dessins et

Église souterraine de St. Aignan d'Orléans.

sous la direction de Claude Godart, Ingénieur du Roi, Orléanois, recommandable par ses talens. Deux squeletes en pierre étaient couchés sur le fronton de cette porte et lui servaient d'ornement principal. (21.) Dans l'intérieur de la Galerie on lit encore au dessous de la porte ces quatre lignes timrées.

PAR OÙ TU PASSES J'AY PASSÉ

ET PAR OÙ JAY PASSÉ TU PASSERAS

ET COMME TOY AU MONDE J'AY ESTÉ

ET COMME DIGY MORT TU SERAS . (20)

F.P.J.L,G, 1769.

La troisième entrée était en face de la rue St Martin-du-Mail, dans laquelle rue on descendait par des dégrés en pierre. Les sculptures de cette porte qui sont restées intactes, sont généralement regardées comme de mauvais goût. ce Portail est placé au milieu de la neuvième arcade de la Galerie de St Hubert, à partir de la grande Galerie.

Les deux autres entrées n'étaient que des Guichets. le premier, qu'on appellait Passage de la Salamandre (22) était en face de la rue de ce nom; entre le 4e. et le 5e pilier de la Galerie du St Esprit à partir de la Galerie de St Anne; le second appellé Passage de St Georges était vis-à-vis la rue du même nom, et au 12e pilier en suivant la Galerie du St Esprit du côté du Nord.

Vers le milieu de la grande Galerie on remarque encore une autre porte placée à la 15e arcade et qui communiquait avec le jardin des P.P. Jacobins. cette porte à en juger par sa forme aurait échappé ainsi qu'une partie du mur du fond de la Galerie aux dévastations de 1562.

Les Galeries étaient désignées à raison de leur position ou par le nom des saints sous l'invocation desquels leurs chapelles étaient connues.

La Première Galerie en face de St Croix, était appellée la Grande Galerie ou Galerie d'occident. Elle est soutenue par vingt piliers (y compris ceux des angles) qui forment dix neuf arcades ou portiques réguliers de cinq Mètres de largeur d'axe en axe des piliers. L'architecture de cette Galerie est simple et convenait parfaite- ment à la destination du lieu qu'elle décorait. Sa longueur du premier pilier au dernier qui forme l'angle de la Galerie de St Hubert est de 95. Mètres; sa largeur est de 4 mètes 80 centim.t L'épaisseur des piliers est de 80 cent.

A l'extremité Nord de cette Galerie, était la Chapelle de St Hubert, (24) qui faisait partie de la deuxième Galerie à laquelle elle donnait son nom, et qu'on appellait aussi Galerie du Nord.

30.

Cette Deuxième Galerie a environ soixante-cinq Mètres de longeur - ses autres
dimensions sont semblables à celles de la grande Galerie. Elle est soutenue par
quatorze Piliers (y compris ceux des Angles) qui forment 13. Arcades. Le dernier pilier
de la Galerie de St. Hubert, à l'est, porte la date de l'année 1645. (25.) et se trouve
presqu'au milieu de la largeur de la Galerie du St. Esprit parce qu'on avait l'intention
de continuer les constructions sur le même plan, en reculant et reconstruisant en
droite ligne la Galerie du St. Esprit.

La Troisième Galerie s'appellait Galerie du St. Esprit, sous l'invocation duquel était la
Chapelle reconstruite vers 1640. entre le 10e et le 11e pilier de cette Galerie en partant
de la Galerie de St. Hubert. On la nommait aussi Galerie d'orient. La chapelle
du St. Esprit était éclairée par cinq croisées, elle est construite à pans coupés dans
le fond. Les deux Angles coupés ont chacun environ deux mètres soixante centimètre,
le fond a trois mètres soixante dix centimètres. Sa largeur à l'entrée est d'environ
six Mètres vingt centimètres. Toutes les épitaphes qui avaient été placées dans cette
chapelle (26.) avaient une date récente ce qui fait présumer qu'elle aurait été
réparée et peut-être aggrandie depuis 1562. On y célébrait l'Office en dernier lieu
et les Proviseurs y entretenaient tous les jours une lampe allumée depuis six heures
jusqu'à dix heures du matin. cette Galerie se prolonge au nord derrière le dernier pilier
de la Galerie de St. Hubert.; à cette extrémité il y avait une porte qui donnait
dans le Cimetière particulier des Protestans.
Le Cimetière destiné aux Protestans était établi en dehors du Grand Cimetière en retour
de la Galerie de St. Hubert dans la rue des bons enfans sur laquelle était son entrée
principale; il s'étendait presque jusqu'au commencement de la rue de St. Martin du Mail
il était très irrégulier; sa plus grande largeur du coté de la Galerie du St. Esprit était de
six Mètres cinquante centimètres et il n'avait à l'autre extrémité, qu'un Mètre
cinquante centimètres sa longueur était de Vingt Mètres. Il avait été établi
sur l'emplacement d'une chapelle appellée chapelle des trois-Rois (27) qui terminait
anciennement la Galerie du St. Esprit.

A l'extrémité sud de cette galerie et faisant face à l'occident était la chapelle
ou plutôt l'autel de Notre-Dame-de-Pitié. cet Autel qui avait été muré, vient d'être démasqué
et l'on a retrouvé ses sculptures en ronde bosse qui se composent d'un Christ descendu de
la croix, posé sur les genoux de la Ste Vierge, et de personnages à genoux, priant des
deux cotés. le fond de la Crèche qui contenait ces reliefs est peint en bleu ciel et parsemé
d'étoiles jaune d'Or. (28.)

Auprès de cet Autel, et au commencement de la Galerie de Ste Anne était un autre

Autel, ou plutôt l'entrée d'une chapelle qui pourrait avoir été la Chapelle de St Ladre (29)

La Galerie du St Esprit a 93 Mètres de longueur, non compris son prolongement au Nord et quatre mètres soixante centimètres de largeur, la toiture de cette Galerie est soutenue par 19 piliers; le dix neuvième fait partie de la Galerie de St Hubert. Ces piliers ont tous trente centimètres d'épaisseur; ils ne forment que dix sept ouvertures la plupart inégales. Cette irrégularité semble prouver que cette Galerie a été construite en différens tems et peut être successivement par les dons des fidèles.

La quatrième Galerie, et sansdoute la plus ancienne, était appellée en dernier lieu Galerie de St Anne ou du Midi; on la nommait autrefois Galerie de St Vrain du nom de la chapelle qui s'y trouvait placée entre le 3ᵐᵉ et le 4ᵐᵉ pilier, du côté de la Galerie du St Esprit.

Cette chapelle qu'on doit regarder comme la première qui ait été établie dans le grand cimetière, fut plusieurs fois ruinée et toujours restaurée et même aggrandie. On voit encore aujourd'hui audessus de la porte d'entrée, une pierre sur laquelle sont gravés ces mots: ICY EST LA CHAPELLE DE MONSIEUR SAINCT VRAIN DÉPENDANTE DU GRAND CEMETIÈRE DE CESTE VILLE D'ORLÉANS - 1627 - Des deux côtés de cette porte on avait sculpté en demi-relief une tête de mort placée sur des os en sautoir (30.)

Elle fut d'abord érigée sous l'invocation de Notre Dame et de St Vrain (31) par les soins de Robert de Courtenai Évêque d'Orléans, et concédée ensuite par ce Prélat en l'année 1266. à la Confrérie des Maîtres Écrivains alors très nombreuse en cette Ville et qui continua pendant plusieurs siècles de jouir des privilèges qui lui avaient été accordés (32)

Après l'invention de l'Imprimerie, cette confrérie fut bientot annéantie et celle des Menuisiers obtint par la suite de faire célébrer ses Offices dans la même chapelle qui prit alors le nom de St Anne Patrone de cette Corporation.

En 1480. Nicolas Duchesne obtint cette chapelle, a titre de Bénéfice, du Cardinal Sabin, Légat du St Siège en France; mais il fut débouté de sa prétention par sentence de l'officialité d'Orléans en 1483.

L'état actuel de la Galerie de St Anne semblerait indiquer qu'elle a été aggrandie et reculée depuis sa première construction; cependant nous n'avons trouvé aucun renseignement à cet égard, et l'Architecture des piliers qui tiennent à la chapelle de St Vrain ou St Anne ferait remonter cet accroissement, à des tems bien éloignés.

Cette Galerie a environ 65 mètres de longueur et 5 mètres soixante centimètres de largeur. L'épaisseur des piliers extérieurs est de 50. centimètres. Sa largeur étant moindre que celle de la grande Galerie, deux piliers en retour de cette dernière font cueillie sur ceux de la ~~grande~~ Galerie de St.e Anne et indiquent la largeur uniforme qu'on avait le projet de lui donner en la construisant sur le même modèle que les Galeries d'Occident et de St. Hubert.

Vis-à-vis le 6.e pilier de cette Galerie, à partir de la galerie du St. Esprit et à une distance d'environ sept Mètres dans le champ du cimetière, est un Puits à eau qui semble avoir été creusé de tems immémorial: depuis la suppression du Cimetière il a servi aux divers établisse-mens qui y ont été formés. La remarque qu'on y a faite tout récemment (en y plaçant une pompe) d'un conduit en pierre qui paraît avoir sa direction vers l'Est, peut faire présumer qu'il a eu très anciennement une autre destination.

Le grand cimetière et tous ceux des Paroisses de l'intérieur de la Ville ont été supprimés en 1786. (33) par ordre de M.r de Jarente, Evêque d'Orléans. Ils ont été remplacés par deux nouveaux cimetières extra muros, près des portes de St. Vincent et de St. Jean, dont ils ont pris le nom.

Depuis la suppression du grand cimetière nous avons vu s'y former sous la direction d'un Anglais, le premier établissement d'une Filature de coton, qui a été ensuite transférée à la Motte-sans-gain. (34) Peu de tems après on en a interdit la jouissance aux habitans; on l'a abandonné à la Cavalerie pour y faire son Manège, et ses galeries ont été disposées en Ecuries et en greniers à foin.

On destine aujourd'hui cet emplacement à la construction d'une halle au blé, projet ancien et qu'on exécute avec activité. Les fouilles qui s'y font maintenant pour les fondations de cet Edifice ont fait découvrir à 15. ou 20. Mètres sous terre, dans des espèces de Puisarts de nombreux fragmens de Poterie et des Vases de terre rouge ornés d'Arabesques; quelques-uns de ces Vases sont d'une forme remarquable et ressemblent à ceux qu'on a trouvés dans presque toutes les villes de la Gaule; il paraît qu'on les fabriquait avec une espèce de terre que l'on tirait de l'Auvergne. Les fragmens très nombreux et de formes très variées dont la majeure partie était à 36. Mètres du 5.e pilier de la galerie de St. Hubert du côté de la galerie du St. Esprit, donneraient lieu de présumer qu'il y aurait eu très anciennement dans cet endroit une fabrique de Poterie. Ce qui nous confirmerait dans cette opinion, c'est la rencontre qu'on a faite, parmi ces débris, de deux Boules informes d'une substance bleue qui nous a semblé être du Cobalt mélacé avec de la chaux et qui probablement était destiné à la fabrication du vernis. A l'extremité opposée et du côté de la Galerie de St. Anne à 20 mètres environ de distance de cette galerie on a aussi déterré quelques morceaux de vases et un peu plus loin deux meules d'un moulin à bras et à blé en pierre noirâtre, et bien conservées. (35)

On a rencontré dans les fosses de ce Cimetière un grand nombre de petits pots de terre commune dont plusieurs contenaient du charbon. (36) Dans une de ces fosses on a déterré deux bagues qui étaient encore passées dans l'os du doigt qu'elles avaient orné. (37) Enfin on a trouvé dans le cimetière des Pastorons, aux têtes d'Evêques en pierre; elles étaient debout et fixées en terre par des os de Morts implantés dans un trou pratiqué à leur base.

Maisons et Jardins

Rue St Martin du mail.

Rue des Bons Enfans.

Cimetière des Protestans.

Casernes

Chapelle St Hubert.

Galerie de St Hubert.

Galerie

PLAN
du grand Cimetière
d'Orléans en 1824 avant l'exécution des travaux de la halle au blé.

Rue St Georges

Fouilles dans lesquelles on a trouvé des fragments de Vases Antiques.

R. Pothier

Chapelle du St Esprit.

BIBLIOTHÈQUE ROYALE

Bibliothèque

Fouilles dans lesquelles on a trouvé des fragments de vases Antiques et des monceaux à blé.

Rue Pavée.

R. Salamandre.

Puits.

N.D. de Pitié.

Galerie de Ste Anne

Grande Galerie

Jardins

Rue de la Bibliothèque

Chapelle de la Communauté du cloquet. entrée de la Madeleine.

An. Chapelle Ste Anne

Maisons

Rue   de   L'Evêché.

Ste Croix

Notes

X. Mr L'Abbé Dubois, Théologal de l'Eglise Cathédrale d'Orléans, encourageait nos travaux, et se faisait un plaisir de nous communiquer tout ce qui lui semblait pouvoir augmenter l'intérêt de notre recueil. Victime de son zèle pour la Religion, dont il était un des plus éclairés et un des plus sages Ministres, il vient d'être enlevé aux lettres et à ses amis presque subitement. Il se livrait depuis long-tems à des recherches précieuses sur les antiquités historiques de notre Ville, et il se proposait de publier une histoire du siége d'Orléans, appuyée de renseignemens authentiques puisés dans les Archives de l'hôtel-de-ville qu'il avait eu la patience et la sagacité de compulser. Ses Manuscrits, auxquels il n'a pu mettre la dernière main, légués par lui, à la Bibliothèque publique, pourront servir de documens pour écrire une histoire complète, et qui nous manque encore, de notre antique cité.

(1) Aucune des Epitaphes qu'on lisait dans ce Cimetière ne remontait au delà du 12e. Siècle.

(2) Hubert fixe, par conjecture, la fondation de l'Eglise de St Aignan à l'an 374; elle porta d'abord le nom de St Pierre-aux-Boeufs.

(3) Agius s'est exprimé ainsi dans cette pièce authentique très curieuse, nous en avons extrait ce qui suit: » anno incarnationis Dominicæ DCCCLIIIJ &c. &c. » venerabilium Canonicorum monasterii Sancti Aniani nobilissimi Confessoris Christi quod est » in orientali ejusdem Civitatis parte constructum rationabilem ac pernecessariam suscepi petitionem, » postulantium scilicet ut quia cymiterium in circuitu memorati Monasterii per multa curricula » annorum adeò tam tumulationibus decedentium refertum erat ut vix quispiam sine effossione » in Christo quiescentium inibi sepeliri posset. Canonica auctoritate ac Pontificali assensu eis in » prospectu ipsius Monasterii, super res scilicet ejusdem, Capellam in honore præfati Confessoris » Christi licentiam construendi eo pacto concederemus, ut ad exequiarum vel sepulturæ officia ex » hoc et in reliquum tam prætaxatis canonicis quam reliquis fidelium amplitudo et ambitus ipsius » Capellæ sufficere valeret. &c........... Cette charte est signée par beaucoup d'Ecclésiastiques dont les Paraphes sont très extraordinaires.

(4) On a trouvé dans le cloître de St Aignan, lors des fouilles qui y furent faites en 1820. pour le nivellement du terrain qu'occupait antrefois le cimetière, des Cercueils en pierre. (On en avait déterré de semblables dans les caveaux de l'Église de St Michel, lorsqu'on transforma cette Église en salle de Spectacle; et en 1821, on en a aussi rencontré dans un champ près de Sémoy, il serait intéressant de fouiller ce terrain qui doit avoir été un ancien cimetière.)

On a également mis à découvert, lors des fouilles de 1820 dans le cloître de St Aignan, un caveau voûté dont les degrés étaient formés de briques Romaines placées sur champ. Le Caveau, qui n'a été que comblé de terre, et qui est à cinquante pas de la rue de l'Oriflamme, dans la Direction droite de cette rue à St Aignan, présentait un aspect curieux: l'intérieur était revêtu d'un enduit particulier à quelques constructions Romaines et aussi lisse que le serait du stature; il était peint de couleurs grossières assez bien conservées et dont l'Ocre Rouge, l'ocre jaune et le noir de charbon faisaient la base; à ses deux extrémités on remarquait deux Crèches évidemment destinées à recevoir des Urnes. Plusieurs pièces de Monnaie Romaine étaient éparses dans le peu de terre qu'on a extrait du caveau; (nous en possédons deux du bas-Empire à face d'Antonin le pieux.) Il eût été à désirer qu'on l'eût déblayé en entier. On prétendrait à tort que ce caveau pouvait faire partie de l'Église de St Serqius et St Bacchus, qui existait encore en 1375; car cette Église était située beaucoup plus loin et à l'Occident de St Aignan, ainsi que l'atteste le Cérémonial observé à l'entrée de Jean de Montmorenci, Évêque d'Orléans (Les Barons qui le portaient s'arrêtèrent à cette Église.) Il serait plus vraisemblable de penser qu'il aurait dépendu de l'Église de St Mesmin que Symphorien Guyon dit avoir été construite en l'an 670 environ par Sigebert Évêque d'Orléans, dans un champ qui lui appartenait, et qui était située entre les Murailles de la Ville et l'Église de St Aignan. Du tems de cet historien il restait encore quelques vestiges de cette construction devant le portail de l'Église de St Aignan du côté d'Occident, près desquels on avait déterré des cercueils.

(5) Nos Historiens ont été partagés sur l'Étymologie de ce mot, qui semble plus particulièrement employé dans l'Orléanais. Le Maire s'exprime ainsi à cet égard: "Quant à la chapelle du Martroy aux corps, l'on remarque qu'en « la primitive Église il était défendu par la Loi . . . . d'enterrer des « s'habituèrent dans les Églises à cause des corps des saints Martyrs qui y étaient . . . « . . . . si bien que par la chapelle du Martroy aux corps, nous « « reconnaissons que c'était le lieu destiné pour les corps des Martyrs, et qu'au «

cimetière les fidèles y étaient inhumés. » Cette opinion nous paraît erronée par
rapport non-seulement à l'origine du mot Martroy aux corps, mais encore
à la dénomination de la chapelle, puisqu'il n'y en a jamais eu dans ce
lieu qui ait été appellée simplement de ce nom. Dans ce sens, d'ailleurs, on
aurait dû dire en latin Martyrium corporum, et non pas Martreyum ou
Martreium, comme il est écrit dans presque tous les actes qui sont relatifs
à ce cimetière, à ses chapelles et aux maisons adjacentes. Symphorien Guyon
donne au contraire à ce mot Martroy une étymologie qui nous semble devoir
être adoptée : Il dit « Et quant à la dénomination de Martroy aux corps, elle
« vient sans doute de la phrase de nos anciens Gaulois, qui appellaient Martroya
« une grande place publique, destinée pour la commodité du peuple et pour
« le trafic de toute la ville, d'où vient que communément, dans la plupart des
« villes de France, le Marché au blé est appellé Martroy ainsi par Métaphore,
« nos anciens Orléanois ont appellé le Cimetière public le Martroy aux corps
« c'est à dire, la grande place publique destinée pour l'inhumation des corps
« des trépassés. » On lit dans Ménage (dict. étym.) « Martroy place publique de
« la ville d'Orléans. Elle est appellée Martré dans la chronique de Guillaume
« de Nangis, en l'an 1314 à l'endroit où il est parlé du supplice de Philippe
« et de Gautier d'Aunoy, frères, accusés d'avoir débauché les femmes des enfans
« de Philippe-le-Bel (in communi plateâ Martré cunctis videntibus, vivi excoriati,
« ...... et ad commune patibulum tracti &c.. » Ménage pencherait pour
l'opinion émise par le Maire, fondé sur ce que des titres latins portaient
Martyrium. Martré et Martroy ajoute-t-il, paraissent avoir été formés de
Martyriecum. Tous les titres et actes que nous avons pu consulter portent
Martreyum ou Martreium, notamment des titres très anciens d'une petite maison
que possédait la famille de Mr l'Abbé Dubois dans une rue maintenant
remplacée par le passage de la Salamandre et dans lesquels ce mot est
répété un grand nombre de fois. Les titres des archives de la ville portent
de même Martreyum.
(6.) La chapelle principale du grand cimetière était désignée sous le nom
de chapelle de St Vrain-du-Martroy-aux-corps (voyez l'appt n° 162) On a aussi quelquefois
appliqué cette dénomination à la chapelle de St Lazare ou de la communauté,
qui n'avait aucune communication avec ce cimetière, mais qui y était adossée,
et on l'appellait la chapelle de St-Lazare-du-Martroy-aux-corps, pour la

distinguée d'une autre chapelle du même nom, & qui a donné lieu à la confondre
quelquefois avec celle de St Vrain. cette chapelle, de St Lazare, servait aux chapelains
de Ste Croix à acquitter les fondations pieuses dont ils étaient personnellement
chargés; elle avait son entrée dans la rue de l'Evêché par une allée parallèle
à l'ancienne entrée du grand cimetière, et très-anciennement elle en avait
fait partie. (Voyez les notes 9 et 18.)

(7.) L'emplacement de ce cimetière, qui était encore planté d'Arbres il y a quelques
années, porte aujourd'hui le même nom de Champ-carré; il est situé devant le
cimetière actuel de St Vincent. Cet emplacement, béni en 1495 par Mr de Brillac
est sans doute le même qui avait servi de cimetière aux Anglais en 1428 et
1429, pendant le siège d'Orléans. En 1709, il y eut une transaction entre les Maire
et échevins et la paroisse de St Vincent pour le champ-carré. La Paroisse de St Vincent
s'était emparée de beaux Noyers dont il était planté et d'une croix qui était au
milieu; il fut démontré que ce terrain appartenait à la ville et qu'il était destiné
pour servir de sépulture aux tems de Contagion, et suppléer le grand cimetière,
lors qu'il était insuffisant.

(8.) Symphorien Guyon donne ainsi la raison de la destination particulière de ce
cimetière: « parce que, dit-il, les cimetières propres aux Paroisses de St Pierre, St Paul, «
St Paterne, St Victor, St Euverte, Notre-dame-du-chemin, Notre dame de la Conception, «
« ne sont affectés que pour la sépulture de ceux qui sont paroissiens desdites ___ «
« églises et que les autres Paroisses d'Orléans n'ont pas de cimetières propres, mais «
« les unes et les autres ont droit au grand cimetière pour la sépulture de leurs ___ «
« morts. Il est probable qu'on n'établit ces cimetières auprès de quelques-unes
des Paroisses de la ville qu'à la fin du 16e siècle, car les plus anciennes
épitaphes qu'ils contenaient n'étaient datées que de 1500.

(9.) Un des actes les plus anciens que nous ayons pu trouver des Proviseurs du
cimetière est d'octobre 1512. Le 13 Décembre de la même année, il y eut une
convention entre les Proviseurs du cimetière, (Mr Hervé Lorrens, lieutenant
général, Jean hilaire Laisné, Bourgeois d'Orléans et Jean hodies ou hodius
cordonnier) et les chapelains de Ste Croix et du cimetière au nombre de quatorze
tous acceptans, relative à la célébration de l'office divin dans la chapelle de
St Vrain. Dans cet acte, passé devant Mr Monbondet, Notaire, les Proviseurs
s'obligèrent à faire édifier pour les chapelains une autre chapelle à côté
de celle de St Vrain. C'est seulement depuis cette époque que les chapelains

de Ste Croix furent en possession de la chapelle de la communauté sans avoir aucun droit au cimetière (alors dénommé cimetière de la cité) non plus qu'à ses chapelles.

(10.) On trouve en effet, sous la date du 17 xbre 1538, une transaction faite entre le Chapitre de St-Pierre-le-Puellier et les Proviseurs du grand cimetière, relativement à des places et jardins cédés par ce chapitre pour l'agrandissement du cimetière; et sous la date du 13 xbre 1546, un rapport de deux experts sur la quantité de terrain qu'il convenait de prendre dans les vignes que les P. P. Jacobins voulaient bien vendre pour le parachèvement de la Galerie du même cimetière: l'Acte de Délais de terrain par les P. P. Jacobins aux proviseurs, moyennant 20ʳᵗ est de 1540. Le compte des Proviseurs de 1546 porte: " payé à Cocardeau, Mᵉ Masson, la façon de 510 toises et 5 pieds de Murailles entre le cimetière et les Jacobins à sept sols six deniers la toise.

(11.) Cette époque remarquable est constatée dans l'Épitaphe N.º 31.

(12.) Ce Cimetière était très beau et très-orné, si l'on ajoute foi à la description sans doute trop pompeuse, de Pyrrhus d'Anglebermes, qui dit dans son Panegyricum Aurelianense, écrit en 1517, en parlant du grand cimetière :
" Amplum et serenum Cœmeterium ubi pulcræ ambulationes et sculpturæ picturæ que «
" vel Praxitelis vel Apellis manum referentes civibus religiosissimis et solatio sunt et saluti. «

(13.) Presque toutes les cérémonies publiques qui donnaient lieu à une assez grande réunion de personnes se faisaient dans le grand cimetière. En 1601, lorsque Henry IV vint à Orléans pour participer aux grâces du Jubilé accordé par Clément VIII (voyez Ste-Croix), ce fut sous les galeries du grand cimetière qu'on réunit un nombre prodigieux de personnes pour qu'il les touchât et les guérit des Écrouelles.

(14.) " Nous avons ici le sujet, dit Symphorien Guyon, de louer la dévotion de nos «
" ancêtres, qui ont eu soin de préparer pour la sépulture des fidèles trépassés «
" un très beau et spacieux cimetière, lequel étant orné tout à l'entour de
" belles et longues Galeries, garnies de diverses épitaphes tant en prose qu'en
" poësies, fournit aux vivans qui s'y pourmenent de douces et salutaires
" pensées pour se préparer à la mort. « La trace des donations et des fondations pieuses faites à ce cimetière remonte à 1200. En 1350, une Bourgeoise d'Orléans, nommée Marionculet, avait donné au grand cimetière 2 liv. livres Parisis de rente, à prendre sur deux maisons. Le 15 mai

...igy, Hervé de la Coustre, seigneur de Chantreau, par un testament remar-
-quable et qui est encore aux Archives de la Ville, donna 250ᵗ au grand cime-
-tière, pour construire une chapelle et élever une croix de Cuivre. Il veut
être inhumé au grand cimetière entre les corps de ses deux femmes, le chef
au-dessous et entre les jambes d'icelles; il donne à la corporation de S-Jacques
&c.&c ... il donne enfin à ses deux Chambrières 10ᵗ, à ses deux Serviteurs
20ᵗ, et à prendre sur le premier Argent qui ystra de l'Artillerie et qui lui
est dû 50ᵗ à chacun de ses Bâtards et autant à une sienne Bâtarde dont
il ne sait le nom, mais qui est apparentée de Thomas Daveneau ou de sa
femme.

Suivant un article des registres des Proviseurs, » Il se trouvait dans un petit sac «
» coté CC, une petite lettre de Don, fait par feu noble et circonspecte personne «
» Mᵉ Barthélémy de Gergny, en son vivant Archidiacre d'Avalon, chanoine «
» en l'Eglise d'Autun et de l'Eglise d'Orléans, de l'Image de Stᵉ Barbe qui «
» poise vingt-deux Marcs d'Argent. » D'une autre main est écrit à la suite,
« La dite Image fut dérobée par les Huguenots Hérétiques des premiers ou «
« seconds troubles, et depuis recouverte par feu Etienne Coignet lors Proviseurs«
« du dit cimetière de feu V... Noël qui demeurait devant la Prévôté... «
« d'Orléans, qui est le Siége de la Cage, et fut retirée en un Lingot....... «
«..... qu'il avait fait fondre. Ledit Lingot fut vendu par le dit Coignet, alors «
« Proviseur, au profit dudit cimetière, et l'argent employé à faire une «
« belle et grande Croix en fonte dorée d'Or de Ducats, laquelle est élevée «
« au-milieu dudit cimetière, y ayant des marches de pierre tout autour de..
« la dite Croix, ainsi que je l'ai entendu dire de ses enfans &c.&c.......... «
cette Image était sans-doute le Reliquaire de Stᵉ Barbe qu'on portait aux
processions de la Pucelle.

(15.) Depuis longtems on avait déposé dans les greniers du Cimetière les
ossemens que de nouvelles fosses mettaient sans-cesse à découvert. Ces greniers
étant totalement remplis, on en avait formé un tas dans la partie sud du
Cimetière. Chaque jour ce monceau d'ossemens grossissait et devenait effrayant;
aussi le peuple débitait-il mille fables sur de prétendus serpens qu'il croyait
s'y retirer pendant le jour. Tous ces os, tant ceux des greniers que les autres,
furent enterrés au milieu du cimetière lors de sa suppression. On raconte,
à propos de ces ossemens, une Anecdote qui, si elle n'est vraie, porte au moins

avec elle un cimetière [illegible] qui [illegible] engage [illegible]

« Un Docteur-Régent de l'Université, rencontrant vers la brune une femme du «
» peuple dans une des rues adjacentes du cimetière, lui demanda si elle pourrait «
» lui indiquer la demeure et le conduire chez quelques Pastourelles (ce nom était «
» donné à Orléans aux filles de mauvaise vie depuis la venue des Pastoureaux «
» en 1251); cette femme lui répondit : — Suivez-moi, j'en connais beaucoup— Elle «
» le fit passer par la rue Salamandre, et lorsqu'elle fut en face de cet énorme «
» amas d'ossemens, elle s'arrêta, et les lui montrant, ajouta : — M. le Docteur, «
» vous [illegible] en choisir ici comme il vous conviendra, car il y en a là-dedans «
» des [illegible] blondes et de toute espèce ; puis elle le quitta brusquement, le laissant «
» stupéfait de sa réponse. «

(16.) Il paraît que cet usage dégénéra en abus, et que peu à peu on oublia le
respect que l'on devait à la sainteté du lieu ce qui détermina le bailliage
d'Orléans à publier, le 5 mai 1653, une ordonnance par laquelle « Deffenses sont «
» faites à toutes personnes de quelque qualité et condition qu'ils soient, de passer ci «
» après avec charges et fardeaux, jouer, chanter chansons, filer et faire autres «
» exercices au-dedans du grand cimetière d'Orléans contre la décence du lieu «
» même [illegible] promener durant la célébration du service divin. « En exécution
de cette ordonnance [illegible] emprisonna un Mendiant nommé Rondonneau, qui
[illegible] dans le grand cimetière, et dont la conduite parut
répréhensible. [illegible] Dès l'année 1556 un nommé Jean Regnault, dit la guerre, fut
condamné, par sentence de M. le grand-Prévôt, à 10 sols tournois pour le
dommage que son Mulet avait fait en l'herbe du cimetière. On voit par
divers comptes du cimetière que les Proviseurs retiraient un revenu de cette
herbe [illegible] ils vendirent pour 300ᵗ les ormes qui ombrageaient le cimetière,
et ils en replantèrent, la même année, 18, qui coûtèrent, achat et plantation
Vingt livres seize sols.

(17.) Toutes ces mesures ne sont qu'approximatives : nous n'avons pas pu
relever ce plan avec une exactitude Mathématique en raison des travaux
qui s'exécutent pour la Halle au blé ; mais nous sommes certains que les
erreurs que nous avons pu commettre sont bien légères.

(18.) Le passage qui conduisait du cimetière à la rue de l'Évêché
forme aujourd'hui le jardin du bureau des consultations gratuites fondé
par le Docteur petit en l'année 1788. On voit encore, dans ce jardin, sur

le pignon de la chapelle de la communauté, une Épitaphe avec des armoiries;
on y lit ces mots gravés en caractères Gothiques: Les Parens ff Les Besnards. Les
Armes de la Ville, qui étaient sculptées en relief au-dessus du portail, y
sont restées jusqu'en 1792.

On vient de découvrir, en faisant des fouilles pour la principale porte d'entrée
de la halle, dans la chapelle de la communauté et un peu en avant de
la place qui était occupée par l'Autel, une construction souterraine
ronde très-profonde, de 11 pieds 10 pouces de diamètre, totalement construite en
pierre de taille bien appareillée, et fermée par une calotte voûtée de même
avec soin ne laissant à son sommet qu'un trou fermé par une pierre de
deux pieds de diamètre. Une espèce de soupirail, ayant sa direction vers
la rue de l'Évêché, se remarquait à trois pieds au-dessous de la naissance de
la voûte. Ces deux ouvertures étaient les seules par lesquelles on pût
pénétrer dans cette tour souterraine qu'on a fouillée jusqu'à la profondeur
de 30 pieds environ et qu'on a trouvé remplie d'ossemens jusqu'à cette
profondeur. Cette singulière construction et le soin qu'on y avait apporté
ont fait naître beaucoup de conjectures. Voici les renseignemens que
nous avons trouvés à cet égard dans une note du tems, qui nous a été
communiquée: « D'un procès soutenu vers 1599 par les Proviseurs, le Maire «
« et Échevins contre le curé de St Georges, Chevecier de St Avit, (c'étaient deux «
« Églises, l'une la Paroisse et l'autre la Collégiale, dont le Séminaire tient «
« la place), qui prétendait avoir droit aux oblations &c... Du cimetière, «
« attendu qu'on avait pris autrefois sur le terrain de sa Paroisse pour agrandir «
« le cimetière, il résulte que jamais le cimetière n'avait été agrandi de ce côté, «
« et que les murs du fond de la galerie du St Esprit étaient les plus anciens «
« du cimetière; qu'on avait seulement édifié ses chapelles dévastées et détruites «
« pendant les troubles, et qu'enfin, si quelqu'un pouvait élever des prétentions «
« de cette nature, ce serait plutôt le chapelains de la communauté, parce «
« qu'anciennement l'hôpital St Louis, et depuis, l'aumône générale des «
« garçons de St Paterne, le grand cimetière et la dite communauté étaient «
« un même gouvernement par les proviseurs anciens dudit cimetière; «
« que ces trois places n'étaient qu'un même corps. La communauté s'appelait «
« le Martroy aux corps avant d'être aux chapelains, et dépendait ancien- «

« —nement dudit cimetière, et où l'on mettait les ossemens des trépassés dans une
« grande fosse ronde murée comme un Colombier, laquelle fosse est maintenant
« en l'Église de la Communité devant l'autel, et fermée par une pierre
« et une trappe de bois qui s'ouvrent et ferment quand l'on veut. »

On a déterré, en creusant les fondations des bâtimens qui doivent borner l'entrée de la Halle, et sous le carreau de la chapelle de la communité, une très-grande pierre tumulaire brisée en divers endroits, et enfouie au milieu de débris de constructions. Cette tombe doit être une des plus anciennes du cimetière; on voit sur le milieu et gravé au trait, la figure d'un homme en habit d'Ecclésiastique et ayant à ses côtés un coq, probablement parce qu'il s'appellait Pierre. Nous joignons ici le peu de lettres qu'on distingue, et nous conservons leur forme, afin que l'on puisse juger de l'époque à laquelle elles ont été faites.
V. PIERRE DELÉS .... LEBOESSES DORLIANS ....

Jadis presque toutes les maisons qui bordaient l'ancienne entrée du grand cimetière en dépendaient, car on lit dans le compte des Provi-seurs de 1612, «fait compte avec Robert Briquet, faiseurs d'émouchaux «(c'étaient les crins qu'on mettait dans les Goupillons de fer pour les «asperges) pour dix livres d'émouchaux qu'il nous fait par an en «déduction de son loyer d'une maison attenante à la chapelle de la «communité, et qui appartient au grand cimetière.» A cette occasion nous remarquerons qu'on employait beaucoup d'eau bénite dans ce cimetière, car on voit dans une quantité de comptes des Proviseurs qu'on en faisait un gros Poinçon toutes les semaines, et qu'on achetait six cents émouchaux par an pour garnir les goupillons où [ils] [étaient] et enchaînés (parce qu'on les volait), qui étaient placés dans les galeries du cimetière [illegible].

(19.) On croit généralement que ces sculptures sont [antérieures] de François [illegible] et de la même main que celles de Chambord, de l'ancienne chartreuse de Cornet, et de plusieurs maisons d'Orléans construites à cette époque.
(20.) Ces lettres sont sans doute les restes de quelqu'inscription tracée dans cette portion du portail peu d'années avant la suppression des cimetière. Elles ont échappé à l'investigation de M. Blondel qui n'en parle pas dans son recueil des épitaphes du cimetière (voyez les épitaphes.)

22.

(21.) Nous pensons que Beauvais de Préau a eu tort de dire que ces deux squelettes étaient l'ouvrage de Claude Godard, qui ne fut jamais sculpteur. Il est presque certain qu'ils étaient dus au ciseau de Michel Bourdin, sculpteur Orléanais, comme par le Monument de Louis XI à Cléry et par la Vierge de Ste Croix : quelques amateurs des arts, qui ont été à même de les juger, et qui les ont admirés, les attribuent à Hubert, autre sculpteur d'Orléans et né en 1670. Probablement ils ornaient l'ancienne porte latérale du cimetière, et l'ingénieux Godard les fit seulement replacer à la nouvelle porte d'entrée qu'il faisait construire. D'après ce qui nous a été transmis de leur étonnante perfection, nous avons à regretter qu'on les ait déplacés en 1790, et nous formons le vœu de les voir bientôt redevenir l'ornement de l'un de nos édifices funèbres, si, comme on l'assure (ce que nous avons peine à croire), ils sont en la possession d'un amateur des arts, qui les aurait soustraits au vandalisme révolutionnaire. Le compte de Mr françois Rouzeau, Proviseur du cimetière en 1691, confirma notre assertion que ces Squelettes ont seulement été replacés par Mr Godard ; car, dans le détail minutieux des frais de construction de cette porte, il n'aurait pas omis le prix de ces Squelettes.

(22.) Ces quatre lignes, écrites en lettres noires sous la date de 1769, nous semblent en raison de la forme des lettres employées et de l'orthographe, avoir seulement été recopiées. Peut-être existaient elles au dessus du Portail que Mr Godard fit détruire pour l'agrandir. Quelques personnes nous ont assuré avoir oui dire qu'au dessus de cet ancien portail étaient ces mots latins : .... , ... , ... , dont ces quatre lignes seraient la traduction.

(22 bis) Le compte des Proviseurs de 1651, porte : « Reçu cinquante-cinq sols pour « une année de redevance de la maison de la Marmitte renversée, « attenante au grand cimetière et à la porte de la galerie St Hubert. » Suivant une note qui a l'apparence d'avoir été écrite vers ce tems, et qui nous a été remise ; cette maison resta pendant longtems inhabitée parce que le Diable renversait toujours la Marmitte en quelque chambre qu'on la mît au feu ; ce sort effrayait tous ceux qui étaient tentés d'y demeurer. Le propriétaire vers 1530, s'adressa aux chapelains du grand cimetière pour chasser le Diable de cette maison ; ils y vinrent faire les prières et exorcismes d'usage ; adhonc le propriétaire

ni les siens locataires ne virent plus le Diable faire son sabbat. En
reconnaissance il avait créé cette redevance de 5f en faveur du cimetière.
Nous avons vu dernièrement un Diable, sans doute de la même espèce
réussir à faire son sabbat à St Denis-en-val; la crainte de la justice
eut sur lui le pouvoir des exorcismes; on voit que la Jonglerie et
la crédulité ont été de tous les tems.

(23.) Des Viellards dignes de foi nous ont dit avoir vu, au-dessus de la
porte d'entrée de ce guichet, une Salamandre placée sur un brasier
ardent et très-bien sculptée sur pierre, enfin en tout semblable à celle
qu'on remarque à gauche de la porte d'entrée d'une maison de la
rue de Recouvrance, faisant le coin de la rue de la chèvre-qui-danse.
La voûte de ce guichet ayant été réparée peu avant la suppression
du cimetière, la Salamandre disparut.

(24.) La Chapelle de St Hubert, qui fut dévastée en 1565, ne fut point
réparée. Une plaque de Cuivre, sur laquelle était gravée une
oraison à St Hubert, et qui ornait jadis cette chapelle, se trouvait
placée en 1787 auprès de la porte de la chapelle du St-Esprit (nous
avons mis cette oraison au rang des inscriptions).

(25.) Au milieu de la Galerie de St hubert et de la grande galerie,
en dehors du côté du cimetière, étaient gravées les armes de la ville
d'Orléans, et au-dessous les dates qu'on y lit encore; celle de l'écusson de
la grande galerie est de 1599, celle de la galerie de St Hubert est de 1622.
Ces dates sont sans doute celles des travaux faits à ces galeries jusqu'à
cette époque, d'où il s'en suivrait que la grande galerie aurait été
construite à-peu-près jusqu'à moitié en 1599; les travaux ayant été
repris, on l'aurait continuée et l'on aurait construit la galerie de
St Hubert jusqu'au milieu en 1622; enfin on aurait terminé cette galerie
telle qu'elle est, en 1645, date portée sur son dernier pilier.

(26.) Mr Pothier était enterré près de cette chapelle et à 6 mètres de
distance de la porte d'entrée du côté du Nord; son épitaphe était
incrustée dans le mur, et avait été enlevée en 1788. (voyez Ste Croix)
voyez aussi dans la note 18 quelques renseignemens sur la galerie du St Esprit.

(27) On lit dans un Manuscrit latin de la Bibliothèque d'Orléans,
intitulé: Registre Matricule de la nation allemande en l'Université

74.

d'Orléans, sous la date de 1526: = Nicolas le Loup, Avocat de la Nation
« Allemande, mort chanoine de Ste Croix, enterré dans la chapelle
« de la Vierge, avait fait placer les statues des trois-Rois, Patrons de
« la Nation Allemande, dans le grand cimetière. » Ce fut sans doute
depuis ce tems que cette chapelle prit le nom de chapelle des trois-
Rois. Il paraît, d'après ce registre qui donne une haute idée de la
réputation de l'université d'Orléans par le nombre d'étrangers qu'on y
voit réunis pour étudier, que la Nation Allemande célébrait avec
pompe et par des repas copieux la fête des trois-Rois, dont le jour
fut changé lors des troubles de Religion. On distribuait, dans ces
jours de réjouissance, beaucoup de vins épicés et de l'hippocras.
(28) Quoique ces sculptures soient très-imparfaites, sous le rapport de
l'art, cependant les amateurs trouvent quelque chose de remarquable
dans la composition de ce groupe, et nous pensons qu'il est à désirer
qu'il soit conservé et replacé dans l'un des nouveaux cimetières.
(29) On voit aux Archives de la ville un acte d'octobre 1541, d'après
lequel les chapelains, confrères de la confrérie de St Ladre dit Martroy-
-aux-corps, faisant depuis quelque tems leur office dans la chapelle
de la Madeleine de l'Église d'Orléans, parce que leur chapelle avait
été détruite pendant les guerres, cèdent aux Proviseurs de la chapelle de
St Vrain du grand cimetière et de l'hospital, et aumône St Paterne leurs
biens, offrandes, revenus et droits des fosses et enterremens dans le
grand cimetière, à la condition que les confrères de St Vrain leur
bâtiront au long de leur chapelle une autre chapelle où ils puissent
célébrer honorablement l'office divin. L'espèce de Portique qu'on voit au
fond de la galerie du St Esprit, attenant à la chapelle St Vrain, pourrait
avoir été l'entrée de cette chapelle de St Ladre, bâtie, suivant cet acte,
le long de la chapelle de St Vrain, car on ne peut pas penser que ce
soit la chapelle de St Lazare ou de la communauté, qui était alors
séparée de la chapelle de St Vrain par l'entrée principale du cimetière,
et dont nous avons vu l'origine.
(30) cette chapelle fut presqu'entièrement détruite lors des troubles
de religion, en 1562. on remarque l'Architecture Gothique de sa porte
d'entrée et de quelques piliers qui y tiennent, et qui ont échappés
aux dévastations. Les autres piliers ne ressemblent point à ceux qui

avoisinent cette chapelle, ni à aucune des autres constructions du cimetière. La pierre sur laquelle on a gravé au-dessus de la porte le nom de la chapelle et la date de 1627 a été évidemment incrustée pour conserver le souvenir de la dernière restauration de la Chapelle.

(31.) St Vrain ou St Vrain était très-vénéré dans l'Orléanais; on lui avait dédié plusieurs Eglises. A Jargeau, on est encore dans l'usage d'aller vers le mois de Septembre en Pèlérinage à une fontaine consacrée à ce saint, pour être guéri de plusieurs maladies.

(32) Il existait autrefois dans les Archives de la ville d'Orléans un Manuscrit latin fort étendu, qui contenait des particularités très-curieuses sur la chapelle de St Vrain, et des détails intéressans sur le grand cimetière. Les lettres de plusieurs Evêques d'Orléans, relatives à la fondation de la chapelle St Vrain, y étaient relatées, ainsi que celles qui avaient été obtenues par les Ecrivains pour l'établissement de l'Hôpital de St Paterne, créé d'abord dans l'emplacement occupé depuis par le jeu de paume à l'extrémité Nord de la galerie du St Esprit, et transféré ensuite près de l'Eglise actuelle de St Paterne qui en a pris le nom, et s'appellait auparavant St Bonaire. On a extrait de ce Manuscrit ce qui suit:

Robert de Courtenay notifia, par des lettres du mois d'octobre 1266, qu'ayant commencé à bâtir une chapelle dans le grand Cimetière, sous l'invocation de la Ste Vierge et de St Vrain, afin que l'on pût journellement aller dans ce cimetière prier pour les morts, il autorisait, sur la demande qu'elle lui en avait faite, la Confrérie des Ecrivains d'Orléans à continuer l'ouvrage, établir un chapelain &c... recevoir les offrandes que les confrères y feraient, et acquérir des possessions et revenus à la dite chapelle.

Ferry (confédérie) de Lorraine, par des lettres datées du château de Meung, le jour de l'Ascencion 1298, notifia que Robert de Courtenay ayant donné aux écrivains d'Orléans la chapelle du grand cimetière &c &c... donation confirmée par le St Siége, il leur accordait la permission qu'ils demandaient et celle d'acheter une maison pour servir de retraite et devenir un hospice pour les pauvres qui périssaient de misère pendant l'hiver.

Bertrand (ou Bertaud) de St Denis, par des lettres du lundi devant la St Georges, l'an 1301, confirma les donations &c. de Robert de Courtenay et de Berry aux écrivains d'Orléans. Il les autorisa de nouveau à acheter une maison pour en faire un hospice destiné aux pauvres. Il leur donna le droit d'y nommer un Concierge et d'administrer cet hospice comme ils l'entendraient.

Milon de Mailly (Cailly ou Lailly), le Samedi après l'Ascension, l'an 1313, sur la représentation des Écrivains que leur chapelle était trop petite pour le nombre des fidèles qui la fréquentaient, leur permit de l'agrandir et de l'augmenter d'une aile.

Jean de Conflans, par des lettres datées du Château de Meung, le jeudi après l'Ascension, l'an 1363, confirma en faveur des écrivains d'Orléans tout ce que ses prédécesseurs avaient fait, et ajouta que sur leur requête il leur donnait pleine et entière autorité sur les chapelains ou Desservans, avec pouvoir de les instituer, destituer ou changer, ainsi que le proviseur et le Concierge de l'hôpital de St Paterne. Il leur permit en outre de faire porter leur Boyte (ou luminaire) dans les Paroisses de la ville, aux enterremens des confrères, et de le remporter.

Jean de Montmorency, par des lettres datées du même lieu, le jeudi devant la chaire de St Pierre, l'an 1353, confirma tout ce qu'avaient fait ses prédécesseurs.

Nous ajouterons à ces renseignemens ce que dit symphorien Guyon. « au mois de novembre de la même année (1366), notre Évêque Hugues « fit expédier ses lettres du 13e jour dudit mois de novembre, par les-«-quelles il permit aux proviseurs de la confrèrie de la chapelle de « Nostre-dame et de St vrain du Martroy-aux-corps ou cimetière « d'Orléans de faire célébrer en la dite chapelle les Messes et autres offices « Divins tant à haute qu'à basse voix par des prestres ou autres Ecclésiastiques « Doines qu'ils voudraient choisir, en la même manière qu'on souloit faire « auparavant la Démolition de la dite chapelle, laquelle ayant été ruinée « par les guerres des Anglois se rétablissoit de jour en jour par la libéralité « d'un Prestre de probité et piété signalée. Et estaient lesdites lettres de

« permission valables pour autant de temps qu'il plairait à l'Evêque, et sans
« préjudice du droit de Paroisse, pour ce qu'il n'est pas convenable que les
« Dévotions des personnes particulières, pour le choix du lieu de sépulture
« et pour la fondation de quelques services, dérogent en façon quelconque
« à la coutume de l'Eglise universelle et à la juridiction des pasteurs qui
« ont la direction des ames et la dispensation des Sacremens. » C'est
sans doute cette donation de la chapelle de St Vrain aux Écrivains d'Orléans
par Robert de Courtenay, qui a fait penser à Beauvais de Préau que le
grand cimetière avoit été fondé par cette confrérie ; mais les lettres
mêmes de l'Evêque prouvent qu'il s'est trompé, et que ce cimetière existait
avant la construction de la chapelle et la cession qui en a été faite.
(33.) (voyez la Notice sur les cimetières St Jean et St Vincent.) On doit aux repré-
-sentations réitérées des Médecins et des savans la déclaration ou [illegible],
qui nécessita ensuite dans toutes les sociétés l'établissement des cimetières
hors de l'enceinte des villes. On doit également aux écrits des Médecins
et notamment de Mr Bruhier, les précautions prescrites de nos jours
pour être certains de la mort des individus et éviter des méprises aussi
fatales aux personnes qui pourraient en être les victimes, que douloureuses
aux familles. Bruhier cite un fait qui est raconté par Winslow à l'appui
de l'attention qu'il recommande d'apporter à la sépulture des morts, et au
danger qu'il y a de les enterrer trop promptement et sans avoir la certitude
absolue qu'ils ont cessé d'exister. Nous traduisons ici ce fait rapporté par
Bruhier, parce qu'il aurait eu lieu dans le grand cimetière d'Orléans. « Une
« personne digne de toute croyance le Père Leclerc, qui a été principal du Collège
« de Louis-le-Grand, atteste que la soeur de la première femme de son père, ayant
« été enterrée avec une bague au doigt dans le cimetière public d'Orléans, un
« valet de la maison, attiré par l'espoir du gain, s'introduisit la nuit suivante
« dans le cimetière et déterra le cadavre. Comme il ne pouvait parvenir
« à faire sortir la bague, objet de sa convoitise, du doigt auquel elle tenait
« fortement, il essaya de le couper. La douleur fit pousser un cri à cette
« Dame ; le voleur effrayé s'enfuit ; elle se débarassa avec peine du linceul
« qui l'enveloppait, et gagna sa demeure. Elle vécut dix années depuis cet
« événement, et donna un enfant à son mari qui mourut avant elle. »
(34.) Cette branche d'industrie, alors nouvelle en France, avait été importée

en cette ville par M.r Foxlow, et était soutenue par le Duc d'Orléans, qui avait contribué de ses propres fonds aux frais de construction des bâtimens de la Motte-sans-gain.

(35.) On a trouvé des Meules à-peu-près semblables en plusieurs endroits, et notamment en 1823 près de la fontaine l'étuvée ; il paraît démontré que ces meules servaient à monder du blé.

(36.) On était anciennement dans l'usage de placer dans les cercueils, du côté de la tête, un petit pot contenant de l'eau bénite, de l'encens et du charbon. Voici ce qu'on lit sur cet usage dans le Rationale Divinorum Officiorum de R.R.D. Gulielmo Durando, édition de 1612, à Lyon « Deinde ponitur
« in speluncâ in quâ in quibusdam locis ponitur Aqua Benedicta et prunæ cum Ture :
« Aqua Benedicta ne dæmones qui multum eam timent ad corpus accedant. Solent
« nanque de sævire in corpora mortuorum ; ut nequierunt in via, saltem postmortem
« agant. Thus verò ibi ponitur propter fœtorem corporis removendum, seu ut
« defunctus creatori suo acceptabilem bonorum operum odorem intelligatur
« obtulisse : seu ad ostendendum quod defunctis prosit auxilium orationis :
« Carbones in testimonium quam terra illa ad communes usus amplius redigi
« non potest : plus enim durat carbo sub terrâ quàm aliud. «

(37.) Ces bagues sont très-anciennes ; elles étaient de Cuivre doré et émaillé ; elles portaient des caractères Gothiques. - d'une forme qui nous a paru semblable à celle qu'on leur donnait dans les 13.e et 14.e siècles. Ces caractères sont maintenant tout-à-fait illisibles par leur état d'altération. On en a trouvé une d'un modèle très-antique, et qui doit avoir appartenu à une femme ou à un enfant : cette bague, en Or uni, et à-peu-près semblable aux anneaux des Chevaliers Romains, porte une pierre gravée d'assez mauvais travail, et représentant une espèce de Mercure.

Cimetiere St Vincent.

Notice historique des Cimetières d'Orléans.   pag.

Inscriptions et Épitaphes (ℵ)

du Grand Cimetière, des Cimetières, des Églises et des Communautés d'Orléans, supprimés en 1787, et depuis cette époque.

Le 19 juin 1787, par l'ordre de M.M. les Maire et officiers Municipaux de la ville d'Orléans, Nicolas Bloudet, expert, dressa un procès-verbal des inscriptions et des épitaphes (28) qui existaient alors dans le grand cimetière et dans tous ceux de la ville qu'on avait supprimés l'année précédente. Il consulta pour les inscriptions qui avaient disparues, et pour quelques autres qui avaient été mutilées, un recueil fait longtems avant par M. Polluche, et sans doute celui des Bénédictins, ses continuateurs.

Le Procès-verbal, que nous devons à une pieuse et sage prévoyance, de nos administrateurs, est très-détaillé, fait avec soin et par ordre de Numéros. Il est déposé à la Bibliothèque publique de la ville. Les renseignemens que nous y avons puisés ont été complétés par ceux que nous avons trouvés dans les brouillons de ce travail, qu'un notaire a eu l'obligeance de nous confier.

Les Épitaphes que ce recueil contient sont ainsi Numérotées:
Grande Galerie N.º 1 à 64. Galerie du Nord, 65 à 77.
Galerie d'Orient N.º 78 à 163. Galerie du Midi, 164 à 200.
Piliers, en commençant du côté de Ste Croix, N.º 201 à 223.
Champ du Cimetière, N.º 224 à 313.
Cimetières de la ville supprimés en 1786, N.º 314 à 332.
Quelques unes de ces épitaphes ont été faites pour des étrangers que la célébrité de l'Université d'Orléans y avait attirés pour étudier le droit (39). Beaucoup d'autres sont remarquables par leur style, leur originalité, et plusieurs enfin rappellent le souvenir de personnes distinguées par leurs vertus, leur science, ou la profession qu'elles

ont exercée (140). De ce nombre sont les épitaphes qui suivent et aux quelles nous avons conservé les numéros qui leur ont été assignés par Blondel, pour en faciliter la recherche, et indiquer à peu près la place qu'elles occupaient.

Oraison a S-Hubert (voyez la note 24.)

Amy de Dieu Sainct Hubert qui corps et ame
As offert pour le servir devotement.

Nous le prions tres humblement.

Prier Jesus de Cœur courage
Qu'il nous preserve de la Rage,
De serpentage fort ennuyeuse,
Aussy de peste venymeuse ;
Quelle nous nuyse aucunement ;
Car nous savons assez coment
Dieu leu a donne la puissance.
Et voyons par experience
Home et Feme a loy venir
De jour en jour pour subvenir,
A leurs necessités urgentes,
De la rage qui moult tourmente
Ceux qui d'elle sont entachés.
Ce prions qu'ils en soyent lachés
De corps et d'ame et que soyons
En Paradis où nous voyons
Avec toy Jesus face à face,
Et de nos meaux pardon nous face.
Amen.

Nᵒˢ 5. Cy gist feu noble home maistre Pierre Nyvart en son vivant Seigr de Marsquillier Conseiller, et mᵉ des requestes de l'ostel de tres excellet Prince Monseigneur le Duc D'orls et lieutenant gnal ou Bailliage de Monlargir le quel trepassa le xiᵉ jo. de septembre, l'an mil iiiiᶜ iiiiˣˣ et dixhuit. Et a ordonné &c.

Au milieu de la 8ᵉ Arcade de la grande galerie, sur une table ronde

de Marie Blanc, se trouvait l'inscription suivante, au dessus de laquelle
était un portrait en relief. En 1787, l'inscription seule était à Ste Croix.
Nº 7.   HIC JACET
                 Vir immortalitate dignissimus,
                 D. Franciscus Gendron,
                      Presbyter,
               Regi à consiliis et eleemosynis,
Abbas Ste Mariæ Maceriarum in Burgundiâ,
          qui Vovis, modico Belsiæ oppido, ortus,
medendi arte in urbis hujus, Nosocomio initiatus,
dein variis, cum hujus, tum novi orbis peragratis regionibus,
plurimis que in morbos, et eorum remedia collectis, observationibus,
               in arcis sui recessu,
          partam usu et peregrinationibus peritiam,
          simul que relictam à parentibus substantiam,
in confluentium undique ægrorum maximè que pauperum levamen
pius ac munificus Medicus miro successu consulit.
hinc accersitus ab Annâ Austriacâ Reginâ, Ludovici magni matre,
cancro ulcere laborante, remedia, in pauperum usum parata,
               in aulam tulit;
unde, Abbatiâ Ste Mariæ Maceriarum à Rege donatus,
migravit in hanc urbem ut ubi primum artis tyrocinium posuerat
               inter pauperes.
          ibi potissimùm fructus ex eâ perceptos effunderet
               in pauperes;
quod cùm per annos circiter XIX à suo ex Aulâ reditu fecisset,
perenni benignitate, charitate inexhaustâ sibi constans et semper
idem summis justia et imis charus inter pauperum, quos orbos
relinquebat, lamenta et planctus lætus ipse beatæ spei propinquitate
          mortalem hanc vitam meliore mutavit,
die 15 mensis aprilis, anno MDCLXXXVIII, ætatis LXX.
          i nunc, Viator,
          et hominis de omnibus benè merito
               benè precare.

32.

N.° 10. Cy deſſoubz repose le corps de deffut Antoine Dequoi fils
d'honnestes personnes Claude Dequoi Marchand Boullanger d'Orléans
et de Jacquette Roberday lequel aagé de xix ans fut tué d'uny
coup de mousquetade estant en garde à la porte de Bourgogne pour
le service du Roy et de la Ville la xve Apvril 1652 — P.D. pour le R.D. Git.

Omnes eodem cogimur.

Mortel ce n'est rien que de nous,
La Parque nous immole tous
Aux vers et à la pourriture
Et tot ou tard jeunes ou vieux
Frappent même les fils des Dieux
Elle prend tout à l'adventure.

Notre vie est comme uny Vaisseau
Qui flotte à la mercy de l'eau,
Sans qu'il puisse éviter le naufrage,
N'ayant dequoi se garantir
Il se voict contrainct de périr,
Au pied d'un roc bardé d'orage.

N.° 17. Siste precor
Meslandes sociat sanguis, sociavit et urna
Hosque refert busto, mors inimica pari.
Tu precibus sanctis illos dignare viator
Ut teneant nitidi regna beata poli.

Epicedion per anagramma
Petrus Meslandus

Rupes dans Mel Tus

Est petra sub petra hac seu Rupes aboïta saxo
Miraris rupem si lapis unus habet
Exiguo licet hac claudatur petra sepulcro
Et facili rupem calculus arctet humo
Hac tamen excelset post funera petra legenti
Hinc sibi mella homines hinc sibi thura Deus

Quid mirum est semper vivax in urge senecta est,
   Et quis, qui rupem tollere possit erit!
An non mel terræ rupes hæc tus dat olimpo?
   Melle homines novit pascere, ture Deum
Ille crucis sanctæ fuit archipresbiter ædis,
   Cuique puellaris tradita cura petit
Qui vixit vitam mellis dulcedine plenam
   Rure Deum coluit dum pia sacra ædit.

N°. 21. Cy gist Messire Germain Audebert natif de cette Ville d'Orléans, prince des Poètes de son temps, qui pour sa seule vertu fut annobli lui et les siens, naiz et à naistre par lettres de très chrétien Roy de France Henri III. et fait chevalier. Et pour comble d'honneur sa majesté lui donna deux fleurs de Lys d'or pour mettre au chef de ses armes, pour la décoration d'icelles. notre St Père le Pape Grégoire XIII. et le Duc et Seigneurie de Venise le firent pareillement chevalier, et ceux cy lui envoyèrent par leurs Ambassadeurs l'ordre de St Marc jusqu'en France. Ce nonobstant ces grands honneurs il s'est toujours plu à exercer l'état d'Elu dans cette élection l'espace de 50 Ans, tant il étoit amateur de sa Patrie. Ce que considérant sa ditte Majesté aiant créé et érigé un président et un lieutenant en chaque élection de France exempta le dit Germain Audebert et voulut qu'il Présidat et précédat l'un et l'autre. Il a écrit trois livres de Venise, un de Rome, un de Naples (Dédié en 1582 à Ph. Hurault chanc. de France Gouverneur d'Orléans), deux de Sylves. Trépassa l'an 1598 le 25e. de Décembre agé de 80 Ans ou environ.

   Et sous le même tombeau gist Nicolas Audebert conseiller du Roy en sa Cour de Parlement de Bretagne fils dudit Mre Germain Audebert grand imitateur des vertus paternelles qui trépassa cinq jours après son père en l'age de 48 ans. Leurs Ames soient entre les bienheureux.

   Audebertorum Germani Patris et Nicolai filii

Tumulus.

   Audebertorum si quis depingere laudes
   Cogitet, ille sibi nihilo plus explicet ac si
(insane)   In sane sapiens solem illustrare laboret

Parcendum verbis igitur vanoque labori
Sit vixisse satis. situs hic jacet Audebertus
Et Pater et natus Patris cito fata secutus
Nominat hæc quisquis synceriâ nomina lingua
Virtutum et laudum Gazas simul eruit omnes
Quas qui nescierit communis luminis expers
Credatur furvis semper vixisse sub antris

N°.27. Je vous suplie chrestiens   Cy dessoubs gist Jehanne Morent,
        Envisitant les trepassés.   En son vivât de Jehan Ireles Espouse.
        Que vous me donnés les bñs   Plaise au sauveur que son ame repouse
        Deraison ces. III. beaux versés   Au chat des Anges viva éternellemt.
            Pater.   Ave.   Deprofundis.   15 janvier 1546.

N°.35.   Au nom de Dieu.

Et a la mémoire de deffunts Guillaume et Jacques les Robillards freres eulx vivats
marchands tanneurs de cette ville D'orléans et de deffunte &c &c . . . .
le dit Guillaume Robillard déceda, lannée des premiers troubles le jour de Nre Dame
my aoust 1562. et sa fille &c &c . . . .

N°.41. Cigist Maistre Pasquier Blanchet jadis Notaire Royal au
chastelet d'Orléans et Greffier de hault et puissant Seigneur charles
Duc Doils, lequel agé de IIIIxx IX ans trépassa le 23 septembre 1598.
            Obscure qui lustra novem bis pene peregi
            Fas erat obscura me quoque morte premi
            Sed prohibes Blanchete nepos dum carmine gaudeo
            Hunc lapidem chari dicere nomen avi
            Blanchetus jaceo post multos quam libet annos
            Serius avi citius mors tua præda sumus.
Obiit anno salutis MD IIIIxx et XVIII et XXII septembris.

                                                        (41.)
N°.42. Cy gist honneste personne Jean Lescot en son vivant Marchand
tondeur de cette ville d'Orléans qui déceha le III.e Ior de Mars Mil vic. xx aggs
de Lxxix ans. Cy gist la lignée des Lescots.   Pater noster.
            Priez Dieu pour leur repas.   .Ave maria.

Au bas d'une pierre creuse qui nous a parue sculptée avec le plus grand soin, et du même tems que le portail du cimetière, se lisait l'épitaphe suivante.

Les sculptures en sont mutilées, mais outre les ornemens qui sont restés: on distingue les pieds et quelques vêtemens de deux personnages à genoux, probablement au pied d'une croix. ces restes ne laissent rien à désirer sous le rapport de l'art.   N.° 43.

Jehan Chartin fut Cyrurgien Barbier / Puis Catherine Germe sa femme aussi
Du Roy Loys unique jadis / Et leurs enfans ils sont en sépulture
Estant Daulphin, honeste en faicts et dits. / Au Redempteur d'humaine créature
Ravi par mort est mis en ce terrier. / Plaise de tous avoir grace et mercy.
— Le dit trepassa le 16 juin 1489. — / — Le dit trepassa le 7 d'Octobre 1501.

N.° 44. Au nom de Dieu et à la mémoire de honorable homme Pierre Constant M.r chirurgien à Orléans qui décéda le 8 mars 1638, et de Marie le Maire sa femme qui décéda le 3 janvier 1622 et d'honorable homme Jacques Constant aussi M.e chirurgien audit Orléans qui décéda le 19 Novembre 1684 et de Marie Bigot sa femme qui décéda le 3 de Novembre 1696, et d'honorable homme Jacques Constant aussi M.e chirurgien audit Orléans qui décéda le .... et de Marie Moin sa femme qui décéda le 3 de Novembre 1691.

Passant si c'est par la Constance, / Et si l'on se souvient encore,
Qu'on arrive au céleste port; / Au ciel des choses d'ici bas,
Estant Constant dès mon enfance / Constant incessamment j'adore
Je fus constant jusqu'à la Mort: / Mon sauveur après mon trepas.

Ubique Constans

N.° 45. Cy endroit sont ensépulturés mors prosternés par les dars d'Atropos meurtriere des humains, qui tous vivans enfin détruit et consume les corps de deffunts honneste personne Sire Guillaume guerrier en son vivant Marchand Appotécaire d'Orléans qui trépassa le Dimanche xx jour de febvrier l'an mil cinq cent trente cinq et Marie Colin sa femme qui devia dès le xix d'Avril après Pasques l'an mil cinq cent xxi. Et le xxx.e jour de septembre l'an mil cinq cents xxxi décéda Marie Veve seconde femme dudit Guerrier et aucuns de leurs enfans.

> Vous qui passes dedans cest estre
> Seigneurs et dame de renom
> Dites ung pater pour le feu Gerre
> Et ung Deprofundis par Don.

N°76. Cette Epitaphe fut dit-on composée en 1530 par Théodore de Bèze (sic.) pour Marie de l'Etoile fille de Pierre de l'Etoile Docteur Régent en droit à Orléans. Elle mourut à l'âge de 20 Ans en 1530 ou 1531. L'inscription que nous avons vue a été tellement lacérée à coups de couteau (lors des troubles, dit Mr Blondel), que nous n'avons pu y lire que des mots sans suite. Hic Maria Stella ... a jacet, quæ in loco statim ari...re vi ne.

On lit dans un manuscrit, dont nous devons la communication à une ancienne famille d'Orléans jadis protestante, " Il y avait sur un des " piliers de la Galerie de St hubert un distique composé et gravé par " le savant Calvin (Jean); son nom était au bas des deux vers, qu'il " avait surement fait pendant qu'il étudiait à l'université d'Orléans. " des Catholiques dans leur fureur ont massacré l'Epitaphe de " l'illustre l'Etoile composée par l'immortel de Bèze et les vers de " notre illustre Calvin qui étaient en face..." Ce Manuscrit très curieux et dont on ne nous a permis d'Extraire que cela, est intitulé: Des persécutions éprouvées par les Protestans d'Orléans en différens tems (chap VII §-1 articles.)

D. O. M.

N°77. A la mémoire d'honorable homme Georges Nanet Bourgeois de cette ville qui décéda le 25 janvier 1625 et honorable femme Suzanne Sougy son Espouse qui décéda le 15 février 1640.

Hoc surgent tumulo Flores bencolentis Anethi
Quid ni mandata hoc Semina nomen habent
Vale Viator mortalem salutant mortui quibus vicissim Dic avete

---

D. O. M.

N°80. Hic jacet Maria Anna Margarita Loyré Francisci Claudii Loyré in Aurelian. Curia consilii uxor bene merita Obiit Die Xbris 17° An. rep. Sal. 1784 ætatis suæ 31 Hoc sibi et liberis æternæ memor. Monument. posuit lugens Maritus suæ et suorum ita depositionis locum indicans.   R. in pace

Près de la porte du Passage S.t georges il y avait deux inscriptions.
M.r Blondel dans son travail préparatoire ne leur donne pas de N.o
et dit qu'il n'a rien pu transcrire de la première; gravée sur une
pierre ovale et lacérée: que pour la seconde jadis décorée d'ornemens
et qui était en six lignes, il n'a distingué que des traits inutiles et
les derniers mots dont il n'a rien pu tirer de suivi.

L'une de ces inscriptions, qui nous a semblé être la 2.e est effectivem.t
en très mauvais état, mais la singularité de ses caractères que nous
avions au premier coup pris pour du Gothique très ancien ou défiguré à
dessein, nous avait engagé à en copier seulement la forme. Nous ne
pouvions d'abord en tirer aucun sens, mais aidé depuis des Alphabets
Runiques, Maeso-gothiques, et Gothiques; nous croyons être parvenus
à appliquer à chaque signe les lettres de notre Alphabet qui y
correspondent. (voyez la note (513) pour nos conjectures sur cette inscription)

✠. I.
h. J.

joa	christianisa..	sudec...	nat...	orlien....

borigis.....   donat...   mfie...   is...

aba ...   bonaval   domn ... in. vis...
cathaïn

cemeterio   arg   decit defunc.... an...

m...III. III.b 4. (ou IIII** 4) hic Sude...   ...univer... orlic...
osue

N.o 85.

Maxima spes quondam patriæ Zeylingius ora
Hic jacet ignota contumulatus humo
Ergo nec ingenium, doctrina, modestia, candor,
Fatalis potuit sistere fila colus?
Non voluit: nam si poterat per talia vinci
Vis nescis, O juvenis, te duce victa foret:

Nec lumen, columénq̄ suæ cecidisse senectæ
    Ploravat miserâ cum genitrice Pater:
Ille pater qui te studio fingebat inani
    Iamque dicare foro; iamque dicare thoro:
Ausa sed, heu, lachesis pro munere posuere finem   (+cest / ponere)
    Te quæ negare foro, teque negare thoro
O iuvenes! doctæ sequimur qui castra minervæ
    Hei mihi, quam miserâ conditione sumus
Ach procul a patria florentibus insuper annis
    Et cum jam demum vivere dulce foret,   (+ilya / dulcet)
Ecce tot exhaustos mors immatura labores
    Pensat et exequias preparat ante diem.

Cy gist Noble homme Jacques de Teylingen natif du pays d'hollande
qui déceda le quatorze jor d'aout 1598.

N° 82.

Hic jacet extinctum quem gens Burmania deflet   (+ilya / Bourmania)
    Frisius externa Dovo sepultus humo
Vix annum exierat quatuor post lustra secundum
    Lethifera hoc captus cum fuit orbe lu-e
Ah sine respectu quam mors grassatus amara
    Quam cocca juvenes calcæ metit quæ senes
Occidit in medio studiorum et flore juventæ
    Proh dolor et messem coxcuit ante suam.
Vivere adhuc paucas nam si licuisset aristas
    dux fieri patriæ spes erat ampla suæ
An fuit hoc ipsum quod te parca invida movit
    Frisia netali sic decorata viro   (+ sit)
Triste quidem hoc nimium, dicamq̄ parentibus at quis
    Terrigenum; culpet mistica fata Dei
Triste quoque est ignotum peregrina amittere terra
    Patria sed forte cuncta ne terra viro   (cunctane)
Nec minus est laudis studiorum occumbere causa
    Quam si pro patria quis cadat ense sua
(+votis) Dote pater vivum poterat locuplete beare
    Nunc cineri hac dotiq̄ sunt monumenta loco.

ci gist Noble hõe. Dominique de Bourmenia natif du pays de Frise qui
décéda le quatorze veme jor de septbre 1597.

N°. 83.

Quisquis es o lector, jaceo Sandvidius istic
Cui genus et nomen Geldria magna dedit
Sexta senescenti surgebat olympias ævo
Flebilis extremum cum tulit ora diem
Me studia et mores urbs agrippina tenellum
Postea lovanium jura diserta docet
Jam tituli restabat honos huc illius ergo
Venimus ex longo Gallica verba sonans
Proh fati imperia Eumenidum proh ferrea jura
Præmia pro lauro tetra cupressus adest
Non tamen ista quæror nec memet amœna laborum
Detinet Aurelius talem obiisse juvat
                flo. Buchorst lusit 17. xbris 1559.

N° 84.

Disce meo exemplo spectare pericula mortis
Qui legis hec mœsto pectore amice tuo
Gallica germanis cupiens conjungere dictis
Verba simul legum dogmata sacra sequi
Dum vix bis denas numerasset agricola Messes
Implevi fati munera dura mei
Nomine Condwoct --- et Bornw -- cognomina dictus
Es - che -- el - -eus --- com- a chara gemit
Que jacet in - - -- liquidas mozella profudit
Rhene tuas - que cupit ingere dulcis aquas
Urbs antiqua tuum minnas quoque chare viator
Mœrorem nostri hic memor usque dicus
          P. Amici Ludo Varenbulus. D. E.

N° 85.

                Epitaphium
        in obitum Henrici Rhœnensis Germani.
Hic Henrice jaces medio sub flore juventæ
Heu tua fatalis stamina viva secidit (scedit)
Nec probitate tui nec stirpe pudendus avorum

40.

(vera loquor) fueras cum tibi vita foret
Usque adeone nihil certi est, primordia vitæ
Cui quondum Rhœnis teutonis ora dedit
Is procul in celtis morte est sublatus acerba
Aurelios ligeris qua rigat amnis agros
Prospera sed juveni neget ecquis fata fuisse
Corpus humo tegitur, spiritus astra tenet

Obiit a 1550 novbris die 25. ——————— P. Amici Theophi ab heverna frisius J.

N.° 86.

Balthazar. Agrippinus. eram. cognomine. Kerpen.
Gallorum. volui. externus. adire. solum.
Ach. heu. quanta. est horrenda. inclementia. mortis.
Neglecta. patria. quos libet. illa. rapit.
Hoc. tumulo. condor, letho. hic. ubi. debita. jura.
Per. solvi. nam. nos. pulvis. et. umbra. sumus.
Mortales. sic. nascimus. ut. nos. terra. resumat.
Quod. dedit. id. repetat. corpora. nuda. capit.

p. Conterranei. R. Echt. F. ⌣ Decbr. Anno. 1548.

N.° 89.   Piis Manibus
Francisci L'huillier et Mariæ Joques conjugis bene merentis.
Qui dum conjunctissime vixerunt singulari erga Deum religione pio erga
liberos amore summa erga pauperes caritate grati fuere Deo et hominibus.
F. L'huillier vita functus est An. 1700 æt. 59. M. Joques e vivis decessit An 1722. æt. 11.
Quos amor junxit idem tumulus maritas parentibus optimis pientissimis sui
posuere et sibi.

N.° 90.   Au nom de Dieu
Cydevant reposent les corps de deffunt honôble hôe Pierre Boileve lui
vivant Bourgeois et Marchand de cette ville d'Orléans lequel déceda le
jeudi 20.e jour de Mars 1636 et de dame marie le Roy sa femme qui
deceda le . . . . priez Dieu pour leurs âmes.

N.° 91.   D. O. M.
Et æternæ memoriæ Roberti Boileve viri non semel ex consulis
Stes fueras viator hic jacent omnia audis, altum silentium, Legis æterna
nox agis, torpor ferreus vivis sopor perpetuus vixi ego qui dormio,
privatam prudenter publicam feliciter non curavi difficillimis temporibus,

nec flavum tempestas, nec clavæ acerbitas aut liberalitas eripuit,
flemens pauperi, non invidens diviti. Regi adictus Gastoni gratus, civi
carissimus. Date flores lilia cultori, date frondes arbores ædili, da Liger
aquas præsidii paratas Da lacrimas publico curatori date preces cives
parenti, qui dedistis fasces consuli. Sed morior o fata mortalitatis.
Sed resurgo, o æternitatis vota Sed Christo duce o immortalitatis pignora.
urnam aperuit prid. nonas Aprilis an. rep. sal. M.DC.LVIII. —
M.M. FF. PE.
Miscuit et cineres cineri quæ junxerat ignes uxor amantiss. Francisca
Garnier coniugem secuta prid. nonas sextilis anni M.DCLX tumulum
clausit. multum de patris integritate referens probi probus filius Petrus Boileve.
Viator.
Orasti debes, flevisti faves, legisti places,
1. licet. vale. imitare. si. vales.

N.° 105. Cy gist hon. femme Elisabeth Seurrat en son vivant femme de Mathurin
Mignes march.d de ceste ville d'Orl's qui trespassa le dernier jour d'apvril 1555.

Priez Dieu pour son ame	Et reduictz comme moy
A tout le moins o vous mes amys	Et vous amy lecteur ne soyez pas ingrat
Priez Dieu pour moy	De dire au moins ces mots
Pensez que ung jour vous serez mys	Dieu face mercy, a l'ame d'Elisab. Seurrat.

N.° 106. Cy gist noble femme Jehanne Damont en son vivant femme de Guillaume
Aubelin Gunetier de Fecamp, laquelle trespassa le neufvieme jor de janvier,
l'an mil cinq cent et neuf.

mourir convient	c'est chouse seure
souvet adviet	c'est chouse dure
et n'en souviet	a creature

N.° 109. Priez a Dieu le Createur — pour Pierre Zolland cozerenz.
Et Nicole jadis sa femme — requerre Dieu quil ait leur ames
En ce sainct lieu leurs corps sont mys, près ces enfans et leurs amys.

N.° 112. Vous qui lisez cet epitaphe, je vous requiers un ave pour mon ame
car le grand Dieu qui est la hault, veut que l'on le prie pour les mors.
Cy gist honoble homme Alexandre Chabuin en son vivant exaui de la mareschaussée
d'Orleans et Maistre en faict d'armes qui deceda le 21 juillet 1611.

N.º 126. (Les vers de cette inscription se suivent, sans séparation et sans ponctuation)

Cy gist . . . . — — — . . .
. . . . Nisolle de Gives
L'uy vivant . . . . — . . — . — . . —
. . premier cõseiller magistrat,
au liege Présidial d'Orleans ,
Procureur de ce cimetiere — —
. . . . qui deceda le XIIIᵉ.
joɾ. de Mars l'an M.V.ᶜ/IX .

Leurs labeur merite honneur receu,
Allez autres esprits solliciter Dieu
De bien loing m'appelle et se greges me veult
De vous a mort me sens serre
S'en fault aller ayãt assez vescu.
Adieu vous dicts mõ hostesse la terre
Nõ que par vous mon corps ne soit tenu
Mon ame au ciel rends a ceste desserre
Mes os a vous, de tout soit loué Dieu .

N.º 134. D.O.M
hic jacet
D.J.F. Jacques du Condrai __
Equus, arcifornels in nimouca lege
Praefectus
virtute, sanguine, artis peritiâ
Militares gradus assecutus
dum
musas inter et amicos
In condigna uxoris charitate
In secula liberorum institutione
otium dulce cum dignitate degustaret,
Primum aedilis, mox praetor
Bonis facilem, saeverum malis
Pauperibus patrem se praebuit
Secundã manuum profunctus praetura
subitã morte raptus est
anno aetatis LIV.
Rep. Sal. MDCCLXXVII julii die XVII
Praetor et aediles P.P.

N.º 137.

S. E . . . . . Feme Claude Amelot
en son vivãt tenu de honble hom. Phalipe
Sevin marchat Borgis de ceste ville
d'Orlẽ qui deceda le jour et feste de
Nostre-Dame my aoust 1586.

Pleures passant la piteuse aduanture
D'une qui tost après son mariage
Est trespassée en la fleur de son aage
Dont gist son corps soubs ceste sepulture
Pleures la mort qui luy est si cruelle
De la ravir en si tendre jeunesse
Ne pleures pas le corps quelle delaisse
Pleures son ame et pries Dieu por elle.
P. Chevallier ma fat.

N.º 159. Cy gist . . . jadis femme de jehan la Quelle dit Marmot Coutelier et
bourgis d'Orls . . . . . trepassa l'an M.IIIᶜ IIIIˣˣ et XV le XVIII april.

N.º 162. Pres de Notredame de Brie nous avons remarqué les tours d'ẽ
Eglise gravées au traict; au bas estoit une inscription dont on ne peut
lire que . . . Cy gist feu Michau . . . . . trep. le XXV . . . M.V.ᶜ . __

Les auteurs de la topographie d'olivet placent en face de notre dame de Pitié une épitaphe à la mémoire de Dominique Martin né à Salonique et domestique de M. d'Entragues, qui aurait plongé dans la grande source du Loiret par ordre de son maître et serait mort peu après des suites de cette expérience. M. Blondel n'a pas trouvé cette inscription et nous n'avons pas pu en voir la trace au gros pilier indiqué. (Essai sur la topographie d'olivet page 8. Note 8.)

N° 176.

D.O.M.

In spem beatæ resurrectionis mortales exuviæ D. Gabrielis Eustache Doctoris Medici hic depositæ sunt, Romorentini natus, in urbe hac Aurelianâ per annos sep supra viginti cum laude Medicinam fecit atque pia morte defunctus familiæ charissimæ amicis civitati universæ magnum reliquit sui desiderium. e vivis excessit anno Domini MDCCXXXVI ætatis suæ LXV

N° 178. Cigist le corps de Pantaléone moiesse vivote verfve Pierre Sanvert dict Druvault lui vivant Maistre Sammier en cette ville & laquelle deceda le 5. aout en l'an 1605.

N° 181. Cy devant ont esté inhumés et reposent en attendant la resurrection les corps de deffuncts honnetes personnes Edouard Bourdin M. Menuisier à Orléans qui deceda le 16me febvrier 1679 et de Marie Lucas sa femme qui deceda le 8. Sept 1674. R.R. Que de peines pour amasser — Il faut mourir pour tout laisser.

N° 105.

D.O.M.

Æviternæ mem. H.E. Mariæ Beauharnois Aurelian quam D.B.L. recens amor opportuno connubio sociavat septima post die sinistris auspiciis præmatura mors importuno fato dissociavit heu crudeles fortunæ vices quæ dulces votorum exitus occasu tristi provocetiset felicem thalamum ocyus in fælici tumulo commutatis hem fructus nuptiarum et spes liberum vix an XVIII mes IIII diem L ob XII cult aug an MDXCVII et cum ea eodemq fato Margareta Beauharnois soror virgo innupta ætatis XVII Magdalena Bourdineau earum mater et uid Braucton Mariæ conjunx Dnæ Dom. Bell Soc. Reg. in supr Paris sen consil bene et religiose de resurrectione cogitantes R.R. Meos amores abeat suum servet que sepulcro

N° 208.

D.O.M

Quos pius amor conjunxerat vivos — Idem tumulus jungit mortuos. Jacobus Sago qui obiit die 20 septb an 1761 et H. Mag Gouspy uxor ejus quæ obiit die 28 martii an Dñi 1762. — sculps ce milard.

452.

N° 212. Ci gist hon. pers. Nicolas Cottareau Mⁿ savetier à Vihiers lequel déceda
le . . . . . et Marie Turgis sa femme laquelle déceda le 3 octe. 1652 et il. déce
A resté un peu passant et ne cours pas si fort
Si ce Dieu tout puiss. t'appelloit à la mort
Songe en quel état pour lors tu voudrais estre
quand ce grand Dieu voudra tes forfaits recognoistre
Metz y l'oy sans nulle fautes embrassant ce dessein
car tu seras des nostres aujourd'hui ou demain
Sus donc prie Dieu pour nous afin qu'on te le rende
Quand seras comme nous ici reduit en cendre
Di un pater noster et un de profundis
Non point pour ceux d'enfer ni ceux du paradis
mais pour ceux qui lamentent au feu du purgatoire
Ces ames languissantes auront de toy mémoire.

                            Reg. in passe xmen 1636.

N° 213. A la Mémoire d'hon. et Defte. pers. Pierre Rouxeau et Marie
Pasquier sa fᵉᵐᵉ, lesquels décédèrent lui le 25 juillet 1564 et elle le 20 d. d. mois 1586.
    Des corps gissent icy sous ceste froide lame
    Avec les bienheureux au ciel repose l'ame
    De deux loyaux époux qui pareilz ont esté
    En Esprit, en Vertu, en Sagesse, en Bonté
    Comme il a plu à Dieu en ce les faire esgaux
    Pareillement aussi en ennuyeux travaux
    L'un par l'herese yneca à sa chère patrie,
    Abandonne deux fois son bien sa douce Amye
    Puis l'enflure saisit ce bon Pierre Rouxeau,
    Laquelle le porta de son lict au tombeau.
    Mais l'autre sa moytié demeura jeune d'ans,
    Triste avec peu de biens et trois petits enfans:
    Lesquels par sa vertu adresse et diligence
    Veufve chaste vivant elle a mis hors d'enfance
    Sans vouloir nullement d'un sainct desir menée
    Se mettre au lien d'un segond himénée.
    Mais lors qu'elle cuydoit par un plaisant repos

finir ses dures ennuis, l'envieuse Atropos
jalouse de ce bien à nos yeux l'a ravie
cruelle luy tranchant le filet de sa vie
D'un traistre et prompt couteau, ô terreur des humains
ton souvenir ne faict aux cieux joindre les mains,
pleurant priant à toy mon sauveur Jésus christ
vouloir avoir leurs non en ton sainct livre escrits
Lecteurs qui attendez l'effet de la mort blesme
et pour vous et pour eux prierez tout de mesme.

François Rouveau, Magdelaine Paulmier sa femme potier d'estin 1694
ceste épitaphe a esté dérobé en l'an 1690 a esté reposée en 1694 par
Daniel Durand son gendre aussi potier d'estin et Marie Magdelaine Rouveau
sa fille

____

N° 216. Ici rept les corps de Dle Mle Pichot veuve d'hont. hôme Germain Fanconnet
et depuis femme d'hon. hôme François Doisneau elle déceda le 11 Xbre 1705 et luy le 30 8bre 1706.

Tandis que tous ces os pourissent, ═══ Passant un peu de charité.
Peut-être leurs ames gémissent ═══ Pour fléchir un Dieu irrité.

N° 222. Voyez N° 212 parceque cette inscription a été déplacée depuis Mr Bloudel.

N° 216. Ici . . . — . . — . . . — de deffunct hon. hô. claude Coulange Marchd. et Bourgeois.
de ceste ville qui . . . . — . . . . — — Priez Dieu pour son ame.

Les jours passez le lien du Mariage   Mais puisquil fault que j'enterre les os
Nous rendoit un vivât en grâd repos   En ton amour jay dressé ceste image.

____

N° 266. Cigist honn. pers. Foy Hobert elle vivâte femme de Martin Bonget
marchand Patissier en ceste ville d'Orlz laquelle fus ensepulturée le mardi
22e jôr d'aoust 1606. et Martin Bonget son mari quil déceda le 27 not 1622 et
Jehanne Landas sa femme qui déceda le 9e de Decbre 1640.
Nos corps en ce Sainct lieu   Demeurent en pourriture.
Nos ames devant Dieu   ont au ciel leur demeure
Attendans ce grand jour   d'éternelle clerté
Que le grand Dieu fera   à chacun l'équité.
Audessus pour devise, un chevron, un croissant en pointe, surmontés de deux Gâteaux.

____

N° 301. Cigist . . . . noble homme claude Donnant en son vivât Embleux
des haquenées du Roy vallet de chambre et huissier du cabinet de Anne de Médicis
seigneur du viel chasteau de Bricy qui déceda le 23 avril 1666. et Dle Nicole Dansé sa fe.
qui déceda le 27 avril 1678.
____

56.

N.° 306. cy gist Damoiselle Marie Chicoisneau fille âgée de 28 ans qui décéda le
9 mars 1714.

Pêcheur il faut mourir tu ne l'ignores pas
Qui commence finit rien ne vit qui ne meure,
chaque jour vers la mort tu t'avances à grand pas,
Mais pense tu aux suites qu'aura ta dernière heure.

Passants faites attention et réfléchissez bien, j'en ai été ce que vous êtes et bientôt
peut-être serez vous ce que je suis.

Cimetières supprimés en 1786.

Ces cimetières n'offrant aucune inscription remarquable, nous donnerons
seulement, la date des Epitaphes les plus anciennes qu'on y lisoit.

Cimetière S.t Paul   cy gist honeste f.e Marg.te Marieet viv... f.e P.re Besgaut lui viv
Bourgeois Marchat à Orl.s laquelle trépassa le 11.e mars mil V.c xxxi.

Cimetière S.t Paul hors ville	La plus anc. Ep. était de	1608.
Cimetiere de N.tre D.e de Recouvrance hors ville		ancienne Epith.
Cimet. de S.t Paterne	La plus ancienne épith. était de . .	1585.
Cimet. de S.t Pierre enseveli	La plus anc. épith. était de . . .	1719.
Cimet. de N.tre D.e de la conception . . .	La plus anc. épith. était de . . .	1745.
Cimet. du Crucifix S.t Aignan . . .	. . . .	ancune Epith.
Cimet. de S.t Victor	La plus ancienne épith. était de . . .	1554.
Cimet. de N.tre D.e du chemin . . .	La plus anc. épith. était de . . .	1757.
Cimet. de S.t Euverte . . .	La plus anc. épith. était de . . .	1737.
Cimet. de S.t Vincent attenant à l'Eglise . . .	La seule épith. était de . . .	1778

Eglises, Oratoires, Communautés, suprimés.

Eglise de Saint Michel

A la mémoire de Marie, Marguerite Loise et Charlotte, enfans de noble homme
M.e charles Bourlabé, conseiller du Roy, président et thrésorier général de
France à Bourges et de Damoiselle françoise Lasne qui agées de XVIII. XVI et
IV ans furent le 18.bre en l'absence de leurs dits père et mère, cruellement occis
et massacrés avec leur servante, en leur maison volée, et trouvés en cet état
lamentable le jour de Noël en suivant; furent le lendemain solemnellement
enterrés sous la tombe de leur ayeule maternelle. Leur père plein de regret,

posa cette épitaphe le 2 mai 1643.

Luy même à ses enfans.

Vous devian mes enfans par l'ordre de nature.
De votre Père viel bâtir la sépulture.
Mais Dieu qui peut de nous à son gré disposer
Après vous m'a laissé pour la votre poser.
Ha! que j'aimerois mieux vous rendre une autre vie
Mais puisque l'éternel ce pouvoir me dénie
J'élève en votre nom ce marbre dur et fort
Qui longtems après vous publiera votre mort. . Adieu —

Eux mêmes.

Chers enfans qu'une tombe ici dessoubz enserre
Ames qui maintenant habitez dans les cieux
Corps qui jadis si beaux n'êtes plus rien que terre
Avec mille soupirs je vous dis mille adieua . leurs âmes soient en repos
                                                             éternel.

Eglise de St Hilaire —

Arrête toi passant et ce tombeau contemple,
Tu cognoitra le nom et la condition
De celui qui en paix et sans ambition
Ayant fini son cours, fut enclos dans ce temple.
Les états la grandeur n'occupèrent sa vie
Dans son cœur ne logea aucune ni envie.
Il fut chéri de tous, les pauvres il aymoit
A leurs nécessités chacun jour subvenoit.
Estienne était son nom, son surnom Jacquemain,
Il mourut cognoissant qu'il n'est point de demain,
Le quart de Juillet mil cinq cent quatrevingt six
L'age de soixante ans Dieu luy doit Paradis . r. lescot m'a fait

vita mortalis et mors vitalis.
Un père étoit mortel et le fils y succède
Un chacun à son tour et fort et foible y cède
Sachons qu'il n'y a rien de stable en ce bas lieu, —
Et que pour vivre heureux il faut mourir en Dieu.

Ci gist hon sr est. Jacquemain lequel mourut le xx iii apres
.1609 — r. lescot m'a gravé l'an 1609 —

D.O.M. . . . —
Marin jaloise
lui vint marsh
...poinctier
de ceste ville d'Orls.
VIII. feb. MDCXIX

518.

Eglise des Jacobins

Ici sont les cendres de deffunt honorable homme François Aubri ...
...... qui décéda le VIe jour de Mars MDCLV. agé de LVI ans
et de Jeanne Mothiro sa femme décédée le XVIII juillet au dit an
agée de LIII Ans.   Stances   Prier Dieu pour leurs ames.

Himen de ces deux corps n'en avait fait qu'un cœur
Aussi leurs volontés furent toujours unies;
Le ciel versa sur eux, des graces infinies,
Et rendit des ennuis leur sort libre et vainqueur.
La mort ne regardant qu'avec un œil jaloux
De ces affections le mérite et la force,
Employa tous ses soins pour en faire un divorce
Et désunit enfin l'épouse de l'époux ...
Mais quoi ce fut en vain, la restante moitié
Ne pouvant subsister de l'autre séparée
S'alla rejoindre en bref, sur la voûte azurée
Faisant voir ce que peut sur la mort l'amitié.

Eglise des Bénédictins

Cigit honorable femme Catherine cottereau native de chartres, vivante
femme de Saturnin Hottot libraire et imprimeur juré de cette ville
et université d'Orléans. laquelle décéda le VII juin MDC.IIII^{XX} et 16. (il y a 61.)

Chartres fut mon pays mon surnom Cottereau
    Mon nom fut catherine
Je ne suis plus qu'une ombre et n'est pleine ce tombeau
    Que de terre et vermine
Hélas pensee y bien, o vous mes chers amis!
    Et priez pour mon ame
Un jour viendra qu'ainsi vous serez mis
    Sous une froide lame.   requiesc^t in pace
            requiescat in pace

Notes

Des inscriptions du grand cimetière, des cimetières et des Églises Supprimés.

† Nous avons cru devoir copier servilement les inscriptions suivant les Manuscrits de M. Polluche, Dom Fabre, de M. Blondel et ce que nous avons pu vérifier nous-mêmes sur les lieux, sans nous permettre de rectifier les fautes ou le défaut de ponctuation, à moins que le sens n'en fût altéré.

(39) En 1541 et 1666, on payait un droit de 2# pour la place d'une épitaphe ordinaire, et de 4# pour une grande épitaphe. Ces droits étaient rigoureusement exigés des habitans; mais on faisait assez facilement des concessions aux étrangers, surtout lors qu'ils étudiaient à l'Université. Les Provisaux faisaient le droit pour les Monumens, et employaient tous ces deniers à l'entretien du lieu.

(40) M. Polluche a cité quelques-unes de ces épitaphes dans sa Description de la ville et des environs d'Orléans, imprimée en 1736 chez François Rouzeau. Il s'exprime ainsi, page 50: " Les gens de lettres, peuvent se faire montrer (au " grand cimetière) le tombeau de Germain Audebert, connu par ses poésies " latines qui lui méritèrent le collier de l'ordre de St. Michel et celui de " St. Marc de venise; ce savant mourut en 1598, le 24 Xbre. Le tombeau de " Marie de l'Étoile, qu'on veut avoir été la Maîtresse de Théodore de Bèze, " dans le tems qu'il étudiait à Orléans, est un peu plus loin; mais l'épitaphe " qu'on y lisait en prose latine et française, de la composition de ce prétendu " réformateur, a été entièrement biffée à coups de couteau, et n'est plus " visible. On peut encore remarquer l'épitaphe latine de deux sœurs de " la famille des Beauharnais, mortes le même jour 21 juillet 1597, qui paraît " être de Jean Passerat dans les œuvres duquel il s'en trouve une presque semblable " pour l'aînée. Celle de M. Gendron, mort le 2 juillet 1688, et connu pour avoir " traité la Reine Mère d'un cancer qu'elle portait depuis longtems; cette pièce " est de la composition de M. Julien Fleury, chanoine de Chartres. "

(Ces inscriptions portent les N°. 4, 6, 7.) M. Beauvais de Préau, dans ses Essais historiques sur Orléans, qui ne sont qu'une réimpression de M. Polluche avec quelques notes souvent hasardées et une chronologie des personnages célèbres ou remarquables, a ajouté ces mots à la note de M. Polluche: " Celle de M. Perdoulx de la Perrière, savant dans l'histoire d'Orléans: enfin le

50.

» Monument élevé par le corps de ville à la mémoire du célèbre Jurisconsulte
» M. Pothier, mort le 2 mars 1772. (La 1re est maintenant à St-Vincent, et la 2de à
St-Croix). Mr De Luchet, dans son histoire d'Orléans, a cité l'épitaphe
de la famille Constant, chirurgiens, » qui (ajoute-t-il) étonnera à plus d'un Sens (v.r N.44.)
(41) Lescot.... Le 9.8bre 1570, la ville fit marché avec Jean Lescot, dit
Jacquinot, fondeur, » pour refondre les images de la Vierge et de la
» Pucelle, raccommoder le Crucifix, et autres réparations au monument de
» la Pucelle abattu aux 2es troubles en 1567. » (d'après des Archives de la ville, N.14).
(42) Théodore de Bèze, né en 1519 au Vézelai, fut amené dès son bas âge
à Paris auprès de Nicolas de Bèze son oncle, qui l'envoya étudier à
Orléans puis à Bourges. Il fut un des plus ardens Calvinistes, et devint leur
chef après la mort de Calvin. Symphorien Guyon dit qu'on l'accusa d'avoir
aposté Poltrot dans un chemin près d'Olivet, (ou plutôt St-Mesmin) pour assassiner
le Duc de Guise, au mois de février 1563. On lui reproche aussi d'avoir aidé les
Religionnaires à s'introduire dans St-Croix, dont le prince de Condé avait fait
fermer les portes et murer les croisées, et de leur avoir procuré les moyens
de saper les piliers de cette Église, qui s'écroula presque subitement. Il était
très-instruit; outre divers ouvrages de Religion, il a laissé un recueil de poésies
dont les vers sont faciles mais trop licencieux, sous le titre de Juvenilia Bezæ.
Il mourut à Genève en 1605.
(43) Nous avions réussi à déchiffrer les deux premiers mots de cette inscription,
qui ne présente d'extraordinaire que les caractères dont elle se compose ;
le second, qui offre un nom propre, nous rappela une note ajoutée par
M. Beauvais de Préau à l'ouvrage de M. Polluche, dans laquelle il s'en trouve
un semblable. En rapprochant ce que dit M. Beauvais et ce que nous croyons
être parvenus à lire, nous espérons être arrivés à donner ici le sens de cette
épitaphe. Les lettres qui la composeraient seraient des signes Runiques,
Mæso-gothiques, Gothiques, et Romains. Les caractères Runiques n'ont
guère été employés que par les peuples du Nord. Aussi nous pensons
que c'est pour caractériser la patrie de Christianisati, que ses
compatriotes, étudians en l'université d'Orléans, les auront fait graver.
Quant au mélange de différens alphabets il était fréquent à cette époque.
L'autographie que nous avons préféré à l'impression, qui n'aurait pu
nous procurer les divers caractères nécessaires à ce recueil sans des frais

considérables, nous permet de fournir les moyens d'apprécier nos conjectures; nous en profiterons pour donner notre version de cette épitaphe mot à mot, en soulignant les lettres effacées que nous suppléons et les Alphabets Runiques, Mœso-gothiques et Gothiques dont nous avons pris les signes aux sources les meilleures. La Note de M. Beauvais et un fragment d'une épitaphe placée jadis dans le cloître des cordeliers de Rheims complèteront cette note: cette épitaphe présente également des caractères Runiques et mœso-gothiques, que nous soulignerons.

hic jacet
(la) (git)

Joannes Christianisati sudermanie natus Orliense Burigis.
Jean Christianisati en Sudermanie né d'Orléans Bourgeois.

--- donator --- Abbatie --- Bonuvalis --- domum in visu
-- donateur --- à l'Abbaye --- de Bonneval --- d'une maison dans la vue

Sanctæ Catharinæ --- Cemeteria --- argentum dedit.
de Sainte Catherine --- au Cimetière --- de l'argent a donné.

Defunctus anno M.CCC.LVIb li (ou LVIII li). hic sudermania fratres
il est mort l'an mil trois cent soixante quatre (ou 84). là de Sudermanie ses frères

et in universitate Orliense studentes Monumentum posuere.
et en l'université d'Orléans étudians, ce monument lui ont posé.

Alphabets.

Romain	)	A . B . C . D . E . F . G . H . I . K . L . M . N .
Runique	)	ᛁ . B . Y . ᛥᛒ . ᛏ . ᛦᛦ . ᛏ . ᛉ . I . ᛐ . ᛤ . Ψ . ᚺ .
Mœso-gothique	)	ᚦ . ᚢ . ᛏ . ᚢ . ᛒᛩ . ᛉ . ᛋ . ᚻ . ᛁᛁ . ᛉ . ᛋ . M . ᚾ .
Gothique	)	aaabb . ᛋ . ᛪ . ᛪᛪᚨ . ᚠ . g . ᚻ . ij . ᛪ . ᚾ . m . ᚾ .

	)	O . P . Q . R . S . T . V . W . X . Y . Z . ᴕ
	)	ᛁ . B . ᛒᛒᚠ . ᛤᚾ . ᚾ . ᛏᛁᛐ . ᚻ . Ψ . ᛒᛁᚷX . ᚾ . ᴕ
	)	ᛉ . π . ᴗ . ᛒ . ᛋ . T . ᛀ(th) . ᚾ . ᛩ . X . Y . ᴕ
	)	O . P . ᚷ . ᛪ . {ss . } . ᛩᚢ . w . ᛪ . y . }} ᴕ

= Note de Beauvais de Préau, page 11: « Dans la rue et vis-à-vis l'Église de Ste Catherine, est une maison appellée la Maison du cheval-blanc, qui fut donnée à l'abbaye de Bonneval le 12 mars 1364 par Jean Christianisati, bourgeois d'Orléans, et qui a servi d'hospice aux religieux de cette communauté jusqu'en 1552. »

= Inscription de Rheims. ✝ CEDEVANT : GIST : EN : ICESTE : AIRE = LE : CORS : THOMAS : L'APOTHECAIRE = QVI : PASSA : RVEF : IOVRS : EN :

IARVIER_LAR : TROIS : CENS : XI : & : VA : MILLIERS : &c

ci devant gist en cette cire   qui passa neuf jours en janvier
li cors Thomas l'Apothecaire   L'an trois cent onze et un milliers.

(84 85) Les épitaphes, sous les N.os 81, 82, 83, 84, 85, 86, sont celles d'étrangers étudiants en droit à Orléans. La Nation Allemande était très nombreuse dans cette Université; elle possédait une belle bibliothèque; elle avait son Procureur, son questeur, son receveur et son Bedeau; elle était sous la sauve-garde du Roi. Les Normands et autres étrangers étaient aussi en grand nombre à l'Université; car il résulta souvent des privilèges accordés aux étrangers des querelles sérieuses avec les habitans. On voit dans les registres de la Nation Allemande qu'en 1545, le Procureur de cette Nation, pour tirer de prison et soustraire au châtiment, Frédéric de Gonzeler et Harrigius de Puynigraf qui avaient tué, dans une querelle survenue à Cercottes un habitant de ce lieu, engage, afin de se procurer de l'argent, chez Jacques Alheaume et François Vuillard, le Masse pesant 5 marcs 6 onces (elle portait la figure de Charlemagne et un Aigle au sommet), le Calice, la Patène, pesant 2 marcs une once et demie, et des ciselures, probablement de l'Église de Bonne Nouvelle qui leur était affectée. Le tout fut pesé par l'orfèvre d'Huy, et racheté en 1546. Depuis 1330 environ jusqu'en 1562, les Allemands furent en grand nombre à l'Université qu'ils quittèrent lors des troubles de Religion. Il devait y en avoir beaucoup en 1562, lors des 1ers troubles, car, le 11 des Nones d'Avril, le Recteur Catholique, sans doute Caillard, assembla la Nation allemande, et l'engagea [à] repousser le Duc de Guise (fidelium oppressorem sanguinarium Ducem Guisarum). Les Allemands, après en avoir délibéré, répondirent qu'ils étaient à Orléans pour étudier et non pour se battre.

(845) M. Bourlabé habitait momentanément la campagne, et avait laissé à la ville ses enfans et une servante. Un valet Solognesau et ivrogne, qu'il envoya à la ville, assassina dans la cuve la servante qui lui refusa du vin, et égorgea ensuite les enfans. Il ferma la maison et revint tranquillement à la campagne. Le jour de Noël plus d'un mois après ce crime le cocher vint à Orléans et vit cet affreux spectacle. On soupçonna et l'on arrêta un savetier voisin, qui convint être entré dans la maison, avoir vu les cadavres, et n'avoir pu résister à la tentation de s'emparer de quelque argenterie; mais il affirma constamment qu'il était innocent du meurtre. Il fut condamné; l'auteur du crime le vit exécuter et resta néanmoins chez M. Bourlabé. Longtemps après il fut pris à Soissons avec des voleurs, et donna ces détails, &c. (Voyez simph. Guyon, le Maire, &c.)

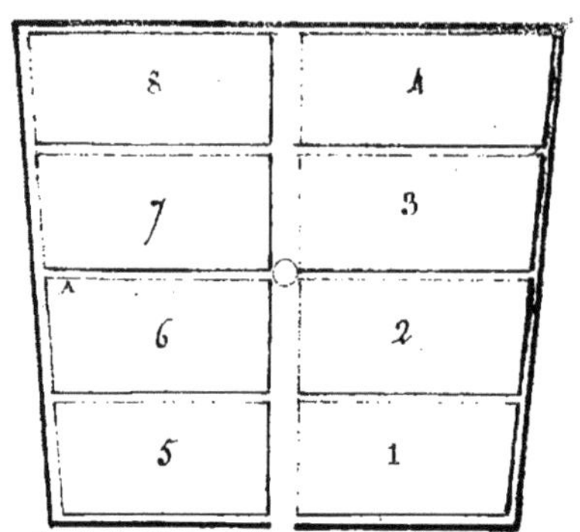

Promenade de la Porte St Jean à la Pte Madeleine.

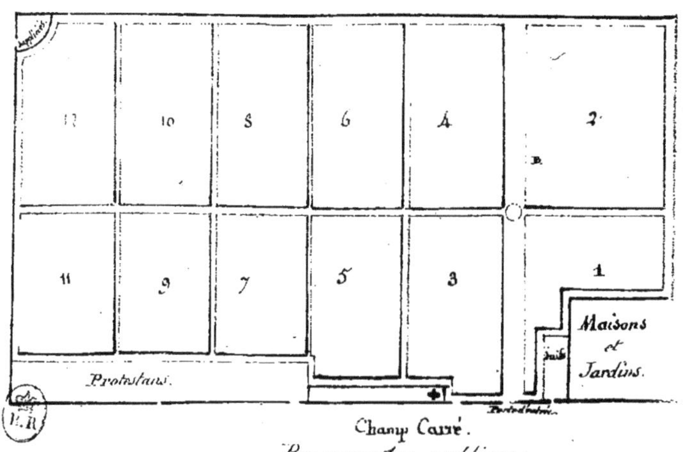

Promenade publique.

Des Cimetières actuels

Les Maire et Échevins de la Ville d'Orléans, en exécution de la déclaration
du Roi du 10 mars 1776, qui défendit d'inhumer à l'avenir dans les Églises,
présentèrent une requête à Mr Louis-Sextius de Jarente de la Bruyère,
Évêque de ce Diocèse, dans laquelle ils lui exposèrent que, depuis cette
ordonnance, les cimetières de cette ville se trouvaient en trop petit nombre
et n'avaient pas assez d'étendue pour fournir aux sépultures journalières;
qu'il était de plus en plus à craindre que l'accumulation des corps dans des
espaces évidemment insuffisans, ne concentrât au milieu des habitations un air
infect, et n'occasionnât les accidens les plus funestes; que dans cet état de
choses, il était indispensable de se procurer de nouveaux emplacemens et
de supprimer tous les anciens cimetières; mais que, d'après les dispositions de
la déclaration du Roi, les emplacemens nouveaux ne pouvaient être
choisis qu'au-delà de l'enceinte des murs de la ville, &c. &c.
Mgr l'Évêque nomma un commissaire qui fut chargé de visiter et d'indiquer
les cimetières qu'il convenait de supprimer: il résulta du rapport des Commissaire et des enquêtes qui furent faites, 1° que les cimetières se trouvant
presque tous attenants aux Églises, ou environnés de maisons, leur situation
ne pouvait être que très-dangereuse pour les habitans; 2° que leur étendue
n'était pas suffisante, en ce que plus d'un tiers de ces cimetières était
employé en passages et dès-lors perdu, 3° que plusieurs de ces cimetières
étant ouverts au public servaient de passage aux habitans et étaient
par là même exposés à des profanations continuelles, notamment le cimetière
commun, qui non-seulement servait de passage, mais qui était encore une
promenade publique où les marchands de fruits et de menues denrées
étalaient tous les jours leurs boutiques, &c. &c.
En conséquence, Mgr l'Évêque rendit le 7 août 1786, une ordonnance
portant suppression à perpétuité de tous les cimetières de la ville,
et de ceux de Notre-dame-de-recouvrance et de St Vincent, le premier
comme étant placé dans l'alignement du chemin des princes, et le second,

comme avoisinant de très-près l'un des nouveaux cimetières. Il fut arrêté en même tems que, pour remplacer les cimetières supprimés, il serait établi deux cimetières communs hors des murs de la Ville; qu'on y transporterait les ossemens entassés dans les cimetières existans; que les inscriptions ou épitaphes, tombes et autres Monumens, placés dans les divers cimetières de la Ville, seraient enlevés ou masqués par les soins des Maire et Echevins, sauf le droit qu'auraient les habitans de les faire replacer dans les nouveaux cimetières (46); que les familles pourraient avoir dans ces cimetières des sépultures particulières, en y faisant construire à leurs frais des arcades dont le plan leur serait donné à l'hôtel-de-ville, et dont l'entretien demeurerait à la charge de la Ville (47); enfin, qu'on édifierait des chapelles dans les deux cimetières pour acquitter les fondations pieuses qui avaient été faites au cimetière commun.

Cette Ordonnance fut homologuée au Bailliage d'Orléans le 1er août 1786, à la requête des Maire et Echevins, et d'après l'avis de deux Médecins (48) qui attestèrent que ce serait rendre un véritable service à la ville et pourvoir à la salubrité de l'air et à la conservation des habitans, que de hâter l'exécution du plan proposé pour ce changement.

On s'empressa en effet d'établir les deux nouveaux cimetières dans les emplacemens qu'ils occupent aujourd'hui: l'un fut appellé cimetière de St Vincent ou du Champ-carré, et l'autre, cimetière de St Jean. Ils ont été agrandis plusieurs fois depuis leur création et vont être encore augmentés.

L'administration municipale les a divisés depuis quelques années en carrés, séparés par des allées sablées et bordées d'arbres verts; elle donne constamment ses soins à l'entretien et à l'embellissement de ces funèbres lieux.

Cimetière de S.ᵗ Vincent.

Le Cimetière est situé au nord de la ville, près de la porte et du Fau-
bourg S.ᵗ Vincent, dont il a pris le nom (fig). Il est entouré de murs et
présente l'aspect d'un carré très-allongé de l'est à l'ouest. ses côtés sont très-
irréguliers surtout à l'est, où l'on rencontre plusieurs angles saillans
formés par les maisons et les jardins qui l'avoisinent. Il a environ 190.ᵐᵉᵗ
de longueur au nord et 130.ᵐ au Sud; sa largeur est de 110.ᵐ à l'est et
de 130 à l'ouest.

Sa Surface est divisée en 12 carrés inégaux (fig), séparés par des allées
sablées et plantées d'arbres. Son entrée principale, placée au sud, est fermée
par une grille de fer; l'allée qui y correspond est ornée d'une croix vers le
milieu.... Cette allée partage le cimetière dans toute sa largeur; quatre
autres allées suivent la même direction; une seule est pratiquée dans
sa longueur de l'est à l'ouest.

Au midi est le logement du Concierge, attenant à l'ancienne chapelle,
qui lui sert de grange. En face et dans le troisième carré se trouve
l'ouverture d'une belle cave voûtée, qui dépendait sans doute des maisons
qu'on a démolies pour former le cimetière.

A l'extrémité sud-ouest, une partie du terrain est environnée d'une
haie et sert à la sépulture des Protestans. A l'autre extrémité sud-est
se trouve le cimetière des Juifs, entouré de murs, et dont la porte ouvre
sur le champ-carré. A l'angle nord-ouest est placé et enclos de murs
le cimetière des suppliciés dont l'entrée donne à l'extérieur.

Le cimetière est destiné aux inhumations des Paroisses et Succursales
de S.ᵗ Croix, de S.ᵗ Aignan, de S.ᵗ Donatien et de l'Hôtel-Dieu.

Epitaphes

abréviations employées dans la transcription de ces Epitaphes

C.G.	ci git	P.P. lui	priez pour lui
H.J.	hic jacet	P.P. son A.	priez pour son Ame
I.R. le C!	ici repose le corps.	P.D.P. le R de son A.	priez Dieu pour le repos de son Ame
A.	Amen	Ainsi!	Ainsi soit il

des inscriptions qui seront précédées d'une M! placée après le Numéro sont gravées sur des Monumens, celles qui seront précédées d'un T. se lisent sur des tombes en pierre ou en marbre, toutes les autres sont écrites sur des plaques attachées à des croix de fer, de pierre, ou de bois.

I.er Carré

1.T. La défunte se nomme Marie Catherine Troisvoisins agée de 5) Ans Décédée Samedi 23 avril 1808 femme de jean Pierre Baulu Troisvoisins négt à Orléans. P.D.P le R de son A.

2. I.R. le C!. de M.e M.me Deniseau épouse de M.r P.re Amb.se Serron née à Condé sur Noireau Décédée à Orléans le 16 juillet 1817 agée de dix Ans P.D.P le R de Son A.

3. Pierre Blot contremaître de la Manufacture des Gasquets orientaux. piété filiale 11. Aout 1817.

4. C.G. le C! de Gabriel Royer le jeune Décédé pptre à Orléans le 21 Aout 1817 agé de 52 ans. requiescat in pace

5. I R le C! de Michel Benoît Marchant Décédé le 13 juillet 1808 agé de 67 Ans 10 mois 13 jours. P.D.P. le R de son A.

6.T. A la mémoire de Louis Nicolas Hautefeuille étudiant en droit agé de 21 ans et demi. Décédé le 20 juillet 1808.
Bon fils, bon ami, l'on élève, dans la carrière des Arts et de la vertu il ne fit des pas de Géant que pour approcher du tombeau.

7. I.R. le C! de M.r Louis Genty député à l'ass. législ. ancien Proviseur du coll. Roy. d'Orléans. corresp. de l'Acad. des sciences de Paris Décédé le 22. 9bre 1817 agé de 74 ans P.D.P son A.
multis ille bonis flebilis occidit.

8. C.G. Julie Demadières Décédée victime de sa charité à dix ans le 17 octobre 1817 — Prisonniers, Pauvres honteux, indigens, dont elle pansait les plaies; Jeunesse préservée ou retirée du Désordre et instruite des Devoirs de la Religion ; Exercice de la piété la plus fervente ; nul jour de sa trop courte vie qui ne vous fut consacré ... heureux celui qui se dévoue au soulagement de l'indigent et du pauvre ps. XI . A la mémoire d'une sœur chérie et révérée .

9. I.R. le C. de Mᵉ E. Norbergt Vᵉ de François urbain le Même décédée le 25. 8ᵇʳᵉ 1817, âgée de 64 ans 7 mois — P.D.P. le R de Son A.

10. C.G. Mʳ J. Roger, Professeur à l'Académie et au Collège Royal d'Orléans, décédé le 14. 8ᵇʳᵉ 1817 a 58 Ans — D'un élève toujours il se fit un ami.

11. I.R. le C. d'Anne, Elisabeth, Gaudrille, Décédée le 21 Aout 1808 âgée de 35 ans et demi épousa de Jean, Jacques, Isidor, Porthaud, Mʳ Ferailleur.

12. Mᵉ Madeleine Verteil, femme, Georges Weimer. Bonne épouse et tendre Mère, sa famille éplorée plante cet arbre de douleur à sa mémoire 1808.

13. I.R. le C. de Mᵉ catherine, Brière, Ferrand, décédée le 30. 9ᵇʳᵉ 1817 âgée e soctus.

14. I.R. le C. de Mᵉ Angᵉʳ Baranger décédée le 28 9ᵇʳᵉ 1817. âgée de 72 ans sa vie fut un modèle de Vertus et de bonnes œuvres. P.D.E. le R. de Son A. ce pieux Monument fut élevé par Mᵈᵉ vᵉ foucher Cornu sa Nièce .

15. Annie, Mixon, âgée de 28 Ans..

16. T=I.R. Claude, Gabriel, Cretté, né le 1ᵉʳ février 1751 decadé le 15 février 1818 — Bon et sensible, la bienfaisance et l'amitié étaient les premiers besoins de son cœur probe et religieux. Il avait l'estime de toutes les ames honnêtes. Il a vécu heureux ; et il a eu la douce consolation en sortant de cette vie que les regrets vifs et sincères d'une famille reconnaissante et de véritables amis, l'accompagneraient dans l'éternité.

17. C.G. Mᵈᵉ Mᵉ Anne, Archambault .

18. I.R. le C. de M. Francois, Gatellie, prêtre et Curé de St Cyr en Val décédé à Orléans le 26 février 1819 agé de 76 ans . R. in pace

19. Mᵉ Mᵉ Mag. Ch. Bomberaut, décédée le 19 mars 1819 épouse de Mʳ henri Bruère Notaire à Orléans . P.D.P. le R. de son A.

20. T= Underneath are deposited the remains of William Leslie esoᵗᵉ son of henry Leslie esoᵗᵉ of mullfield in the County Fermanag in Ireland who de parted this life the 20ᵗʰ of March. 1818 aged 19 years —

2e Carré

21. Priez Dieu pour Mlle Mie Olimpe, Demadières, Lanneau, née le 3. 8bre 1782. décédée le 10 Xbre 1815.

22. T.H.J. Alphonsus Robert Diaconus Diœcesis Aurelium in fide et hominis dilectus Deo et hominibus; Obiit die 12a mensis januarii, anno rep. sal. 1819 ætatis suæ 25. ________ R. in pace.

23. H.J. Expectans donec veniat immutatio, Germanus Chesneau, Presbyter Aurelius, olim Parochus Sti Maximini de Allodio; dein pro fide carceres et exilia passus, demum Aurelianensis ecclesiæ Canonicus honoratus. moribus antiquis virtutibus que sacerdotio congrui præstans. Religiosis rebus unice deditos dies. clausit, 5° Martii 1819. Annos natus 78 cum mense.... R. in pace.

24. I.R. le Cs. de Mr. Francois Regnard ancien curé de Pithiviers, chanoine honoraire de la Cathédrale d'Orléans; que des vertus austères et bienfaisantes rendaient recommandable à toutes les personnes qui le connaissaient et dont le zèle et le dévouement pour la religion, ont avancé le décès arrivé le 23. Xbre 1815.   P.D.P le R. de son A.   Ainsi

25. I.R. le Cs. de Jacques, Alliot époux de Mle Margte Robineau, Md. de bois de cette ville, agé de 68 ans. décédé le 25 avril 1818.   P.D.P. le R de son A

26. I.R. le Cs. de Mie Mdle Robineau Décédée le 8 juillet 1824 agée de 68 ans, ve de Jacques Alliot Md de bois à Orléans. Elle possédait toutes les vertus d'une bonne mère de famille, aimant à soulager les malheureux.

27. T= Nicolas henri Légier fils décédé le 7 mai 1818.

> La mort a moissonné cet enfant au berceau
> Mort impitoyable et barbare,
> Ah! c'est en vain que ta faux nous sépare,
> henri parle à nos cœurs, du fond de son tombeau.

28. I.R. le Cs. de Mr Pierre, Alex. Bonaventure Foucher, Substitut au tribunal civil d'Orléans, époux de Dme Eulalie Cornu. décédé le 2 juillet 1809, age de 29 ans. Il fut bon époux et bon père.   P.D.P. s. A.

29. T= I.R. les cendres de Mde Mad. Jne Ligneau epouse de C. Pothier, décédée le 17 juillet 1818 à l'âge de 64 ans. Epouse vertueuse, mère tendre et sensible, amie rare et sincère, bienfaisante envers le pauvre; telles sont les vertus qui la distinguèrent de son vivant et qui après sa

mort, lui ont mérité les regrets de sa famille et de tous les gens de bien ⸺ A la meilleure des mères, par la piété et la reconnois-sance filiale .

30 T= C.G. Louis, Augustin, Joseph Pothier, Officier en retraite, entrepreneur de bâtimens à Orléans; décédé le premier septembre 1822.

Ô mort les arts consternés, l'amitié en larmes, l'Indigent épouvanté, le désespoir d'une épouse tendre, les fruits innocens d'un amour chaste, les vertus modestes et la jeunesse de ta victime rien n'a donc pu l'arracher à tes inflexibles rigueurs.

31. I.R. Jean, Jacques, Lubin, anc. officier Décédé à Orléans le 10 sept. 1818, agé de 76 ans.

32. I.R. le C². de Joseph, Isaac, Rousseau, de Belle isle de Beaulieu, décédé le 9 Xbre 1809. P.D pour lui

33. C.G. Marie, Madel². Victoire, Fleuri, épouse de Barthélémi, Coulombeau, agée de 70 ans décédée le 16 Xbre 1809 P.D.P. le R. de son A.

34. I.R. Louis, Sionnest Orfèvre décédé le 29 juillet 1822 P.D.P le R. de son A.

35. I.R. Marie, Thérèse Dufresné, femme de Louis, Sionnest, décédé le 3. Xbre 1803. hic sponsi fratrum natorum corda quiescunt. P.P. elle.

36. I.R. le C². de Dame Marie, Anne, henriette, Amelot, épouse de M². Berthelot décédée le 29. Xbre 1809 P.D.P. le R de son A.

37. T= I.R. le C². de M² François, Toussaint, Gréhan, Chevalier de l'ordre Royal et militaire de St Louis, ingénieur de première classe de la Maine, Directeur du service Forestier dans le bassin de la Loire. décédé à Orléans le 29 juillet 1822 pour honorer sa cendre imite ses vertus.

38 I.R. le C². de M² Louis, Pougin, de Maisonneuve, Ecuyer du Roi, veuf de Dame Marie Polluche. Ancien Trésorier de France au bureau des finances, d'orléans, décédé le 26 novembre 1818, agé de 83 Ans. P.D.P. le R de son A.

39 T= Sacred to the Memory of Suzan Thompson born at batic, dec²² 25. 1800; died at orleans May 5. 1810. R. in pace.

40. C.G. Eugénie, Olive, Choisnet épouse de M². Carin, limonadier décédée à Orléans, le 18. octobre 1822. agée de 26 ans 11 mois 15 jours P.D.P. elle

41. C.G. Jean, François, Choisnet décédé le 23. Xbre 1818 agé de 51 ans Il emporte les regrets de sa famille et de ses amis. P.D.P. le R de son A.

60.

542. A Eugène, Choisnet, décédé le 20 juin 1842. agé de 19 mois I.E.=P.C.
(N.ta les N.os 540. 541. 542. sont liés ensemble, par une chaîne)

543. I.R. le C.s de Dame Marie, Victoire, Rosalie, Béchu épouse de
M.r Le Clerc, Maître de pension Décédé le 3. xbre 1818 agée de 43 ans
Elle fut vertueuse, bonne épouse, et mère très chérie. R.t in pace.

544. Céleste, Emmanuel, le Normand, décédé le 16 juin 1809 agé de
14 ans.

545. I.R. le C.s de Messire Legrand de Melleray Lieutenant–
colonel, chevalier de l'ordre royal et militaire de St Jacques
d'Espagne. Epoux de Dame Marie Augustine Poan. décédé
le 22 xbre 1815 agé de 77 ans   P.D.P. le R. de Son A..

Allée principale.

Allée princ.le

46. T=D.O.M. Hic jacet Venerabilis Martinus Blain Decanus canonicus titularis ac pænitentiarius ecclesiæ Aurelianensis Vicarius
Generalis et Rector Parochiæ sanctæ crucis Deo et hominibus
dilectus. antiquæ virtutis hæres communis vitâ locupletissimæ sanctus
pietate scientiâ ac benignitate universis carus ? in rebus ecclesiasticis
gerendis etiam temporibus difficillimis prudentissimus suâ in pauperes
liberalitate commendabilis sibi minus quam deo vixit. omnium
animis vivet mortuus, obiit Aureliæ die XII martii MDCCCV anno
natus 77. cum quatuor mensibus.   R.t in pace.
Monumentum doloris et grati animi testimonium posuit
capitulum ecclesiæ aurelianensis.

47. T= Hic jacet Joannes Baptista Eustachius Paillet canonicus pænitentiarius
ecclesiæ Aurelianensis et Rector Parochiæ Sanctæ crucis christianæ
humilitatis exemplo clarus cunctis affabilis ab honoribus alienus
caritatis et vigilantiæ pastorali zelo commendandis omnium sibi
amorem conciliavit sed heu! immatura morte raptus duobus
tantum annii suæ Parochiæ curam prudenter egit. obiit Aureliæ
die 12 martii MDCCCVII anno circiter 50.   . R.t in pace.

48. I.R. le C.s de M.r Louis, Marie, Anne, Talleyrand-Périgord, Ambassadeur
de France près la cour de Naples, depuis l'an 1786 ; jusqu'en l'an 1789. décédé
à Orléans le 6 Aout 1809.   P.D.P. le R. de Son A.. R.t in pace.

49. C. G. le C⁵. D'Augustin, fils de M⁵. Augustin, Louis, de Talleyrand-
-Perigord, pair de France, et de Dame Caroline, Jeane, Julienne,
D'Argy, décédé le 1ᵉʳ Mars 1824 agé de 6 Ans.

50. I. R. le C⁵. de Dame Marie, Elisabeth, de Talleyrand-Perigord,
veuve de Messire de la Palisse-de-Chabannes décédé le 25 février 1832.
Ces N°ˢ 48. 49. 50. sont maintenant placés dans une Chapelle que fait
construire la famille de Talleyrand.

51. I. R. le C⁵. de Mᵉˡˡᵉ Avoie, Marie, Thérèse, Martha, Bailly de-
-Montarand, agée de 89 ans décédée le 12 mars 1812.

3ᵉ Carré

3ᵉ Carré.

52. I. R. le C⁵. de Pierre, Cavier, d'Orléans, époux de Mᵈᵉ Catherine
Cartier, né le 17 février 1766 décédé le 15 mars 1808.   P. D. P. le R. de S. A

53. I. R. le C⁵. de M⁵ Nicolas, Marie, Louis, Pommeret décédé le
9 mars 1808 agé de 54 ans époux de Marie, Aubri, Géneviève, sa
femme.   P. P. lui

54. Sororum uni-et-alteri Mariæ Monicæ Adelaïdi et Mariæ
Nataliæ Theresiæ Cælo sublatis sor infantibus Frater unus-et-alter. dic
dic, obsecro te quod soror mea sis ut vivat anima mea ob gratiam tui
rep. sal. ann. 1824.   gen: c. 12. V. 13.

55. M. L. Lambert, décédé en 1807.

56. I. R. le C⁵. de M⁵. hilaire, Fortin, Ainé, Mᵈ. de Bois à Orléans
époux de Dame Marie, françoise, Fontaine, décédé le 29 xbre 1816 agé
de 55 ans.   I. D. P. le R. de S. A.

57. I. François-de-Sales, Abel, Rabelleau, agé de 18 Ans 8 mois 27 jours
25 juillet 1824.   Docile à l'instruction de son Père, il chérit les
leçons de sa Mère; bon fils et tendre frère, il fut toujours la joie de
tous les siens, que Dieu soit sa récompense.
consolatrix afflictorum ora pro nobis.   pater. ave.

58. I. R. le C⁵ de Mᵈᵉ Marie, Madeleine, Fortin, décédé le
15 janvier 1824 agée de 54 ans, épouse de M⁵. André, Augustin,
Simon, Maître Raffineur de Sucre à Orléans   I. P. le R. de S. A.

59. H. J. Marie, Louise, Angélique, Belroue femme de claude,
Olivier, Piébourg, décédée le 14. 8bre 1817.

62.

60. M.t   A. François, **Basseville**, décédé le 21. 8bre 1820. Bon Epoux, Bon Père.

61. T   C.G. Antoine, Creuzillet, décédé le 51 mai 1817 agé de 79 ans et
Denis, Creuzillet, agé de 51 ans décédé le 3 mai 1819 et près d'eux
Antoine, Martial, Creuzillet, décédé le 19 Janvier 1822. agé de 59 Ans
                                                     P.D.P. le R de l'A.

62.   C.G. François, Robert, Callier-Béchard, ancien Orfèvre, à
Orléans décédé le 51 mai 1811 agé de 78 Ans.   Il eut pendant sa vie
l'estime de tous ses concitoyens, son épouse, ses enfans, et sa famille ont
élevé ce Monument à sa mémoire comme témoignage de leurs
regrets et de leur amour. — P.D.P. le R de SA   (Callier fils sculpsit)

63. M.t   I.R. Antoine, Marie, Berthon du Fromental, ex chanoine
régulier de la Congrégation de france et Prieur Curé de Nôtre-dame
de la Conception d'Orléans Ex chef de Bureau à la Mairie et à
la Préfecture, décédé le 24 mars 1818 agé de 72 ans.
Son nom demeurera respecté dans le clergé, en honneur dans la cité,
recommandable dans l'administration; ceux qu'il affectionna révèrent
en lui le modèle de l'amitié; que de malheureux il a soulagés, sans
qu'ils aient apperçu sa main secourable.
À Sa Mémoire par celui qu'il a le plus aimé   (Brucy)

64. M.t   ICI REPOSE UN HOMME DE BIEN. GILLES LAMBRON CHIRURGIEN A
ORLÉANS NÉ LE 9 FÉVRIER 1738 DÉCÉDÉ LE 29 JUILLET 1823. . p. p. lui.
Deux inscriptions avaient été proposées pour le tombeau de Mr.
Lambron dont la mémoire sera longtems vénérée à Orléans. Nous
croyons devoir les mettre ici.

De sa famille il fut le Père,	Donnant aux malheureux secours, soin charitable,
Des malheureux il fut l'appui,	Il fut homme de bien, instruit, irréprochable,
Et sans cesse on dira de lui	Sa rare modestie, égalait son talent,
Le bien qu'il n'a pas fait, c'est qu'il n'a pu le faire.	Il vécut bon époux, bon ami, bon parent.

65   I.R. Mr Pataud, chanoine de Ste Croix   P.P. le R de S.A.

66.   I.R. le Cs d'Augustin, Casimir, Mellier décédé vicaire de
St Paul le 22 Juillet 1819 à l'age de 27 Ans.   R.t in pace.

67.   I.R. le Cs de Marie, Anne, Péqui, veuve de Pierre, Laurent,
Fourrier, décédée le 5 février 1808.

68. H.J. Joannes. Bapt. Pleisant, Presbyter 1mœ Parochiœ de Recouvrance Rector. Dein Ecclesiœ Aurelianensis Can. honor. obiit die 2 Maii An.1817. 61 annos natus   Rt. in pace

69. I.R. les R. de Jean, Batiste, Lacour, Maître Maçon, décédé le 23 aout 1816. P.D.P. le R. de S.A.

70. M_   I.R. les R. d'Adèle Ferrières, femme de Mr B.G.S. Dufresne avoué licencié au tribunal civil d'Orléans. Enlevé à l'age de XXIV ans à son époux et à sa famille désolée.

Fille respectueuse et docile, tendre épouse et mère dévouée, entièrement livrée aux soins domestiques et à l'accomplissement de ses devoirs, elle a cherché dans la practique des vertus et les exercices d'une solide piété le seul bonheur pur qu'il soit permis de gouter dans ce monde. décédé le XXII février an. Dom. MDCCCXXI. Zephirine Dufresne sa fille décédée le XVII novr MDCCCXV repose près d'elle. quis desiderio sit pudor aut modus jam qui capitis. P.D.P. le R. de L.A.

C.G. Margte Ste Desir, agée de 49 ans femme de Charles, Michel, Farcinade, décédé le 16 février 1816. P.D.P. le R de S.A

Mr Carré

Enterré

71. H.J. Huberti Canal Presbyter, Canonicus Aurelius Ecclesiœ, St. Vincentii Parochus per 30. menses, ex teneris pietate mansuetudine christiana dilectu Deo et omnibus. Actus in adversis egregia servata fide expectandus tandem sacris laboribus exhaustus, cursum consummavit die 17a Aprilis ann. rep. Salut. 1810 ac œtatis suæ 68.

72. T   C.G. le Cs de Mr Arnaud Septier, décédé prêtre à Orléans, Rt in pace, le 16 avril 1824. né à Toulouse le 15 avril 1744. chan. honor. de l'église d'Orléans, ancien Chan. de St Victor, ancien Prieur de Bucy-le-Roi, membre de la société des Sciences &c. de la ville d'Orléans et Bibliothécaire de la même ville. P.D.P. le R de S.A

73. I.R. le Cs de Mlle Chse Loyer, épouse de Mr Gilbert-Raquette, décédée le 19. 8bre 1825 agée de 86 ans. Elle fut bon épouse et bienfaisante pour sa famille. P.D.P elle.

74. I.R. le Cs de Mr Pierre Tisdureau, ancien curé de St Benoit-le-Blanc, et chanoine honoraire de Ste croix décédé à Orléans le 9. xbre 1822 agé de 70 ans. P.D.P. le R. de S.A.

64.

75.   I.R. le C^s de Mr Regnaud chan: hon. de Ste Croix décédé le 3 7bre 1826 agé de 92 ans   P.D.P. le R de S.A.

76.   I.R. le C^s de Mr Nicolas, Mojon, Prêtre, ancien Curé de St Denis en val, agé de 67 ans décédé le 9. 9bre 1823.   P.D.P. le R de S.A.

77. M^t   élevé à la mémoire de Mr J. N Dubost ancien sécrétaire de l'Intendance d'Orléans, ancien Président du grenier à sel de Chateaudun, et M^d de Bois né à Buchy (Seine inf^re) le 16 juillet 1745 décédé à Orléans le 11 Aout 1824. Par son Neveu reconnoissant.   P.P. lui

78.   I.R. Marie, Anne, Pratoré, décédée le 21 juillet 1824 agée de 61 ans.   = Un frère à sa soeur. =

79.   M.E. Deville Vve de M^d V. const^tin Cullembourg Docteur en Chirurgie née le 3 9bre 1749. Morte le 29. 8bre 1818 A la Meilleure des mères. Pleurez pour ses enfans. Priez pour elle.

80.   A Gabrielle Amélie Lacave. Tendre fille, excellente soeur, amie sure; et malgré ses souffrances toujours aimable et indulgente. Elle a paru un instant sur la terre pour laisser des regrets impérissables dans le coeur de ceux qui l'ont connue. 17 février 1822.

81.   I.R. les C^s de Jeanne, Hatton Vve de Martin, Béchard, décédée le 29. 9bre 1823. agée de 79 Ans et de Julien, Auguste, Béchard, son petit fils, décédé à l'age de 7 ans 3 mois après 6 mois de souffrances, avec la résignation et la piété d'un chrétien consommé. Le chagrin s'est emparé de cet enfant en perdant sa grande Mère qui l'avait élevé et ne l'a quitté qu'en le rejoignant à elle le 3 Juin 1824.

82.   I.R. le C^s de félicie, Robineau, décédée le 9 Juillet 1824. de prémices

83.   I.R. Mlle Marie, Philippe, d'Hardouineau, Vve de M^d johanneton de Visy décédé le 2 Juin 1824   P.D.P. le R. de S.A.

84.   A.A.C.S. Le Normand décédé le 28 mai 1824 agé de 29 Ans et demi. Il fut tendre fils, bon frère, bon Neveu; coeur sensible et généreux; La sincérité la vérité même; son trépas fait couler des larmes amères.

85.   I.R. le C^s de haut et puissant Seigneur, Mess^re Antoine, Francois, Comte de Chaumont=Guitry, anc. cheval^r de Malthe, Maréchal des camps et armées du Roi et Commandeur de l'ordre R. et M^d de St Louis décédé à Orléans le 17. Xbre 1816 agé de 82 ans   R^t inpce

86. R[e].   Du meilleur des Pères.

(cy gît) J. M. ... V... ... âgé de ... ans décédé à Orléans le 10 9bre 1816.
Bon ami, bon époux, bon citoyen, bon père.
Il a trop peu vécu pour sa famille entière
Esprit vertus talens il eut tout en partage,
Et pour faire le bien il mit tout en usage.
Il fut jusqu'à sa mort bon, généreux, sincère,
Le soutien, le conseil et l'ami de son frère.

Le Monument sur les quatre faces duquel sont gravées les inscriptions
ci-dessus, est un des plus remarquable du cimetière. A coté on lit. Ci Git son Fils P.P...

87.   Hic est cath. Chauveron vidua Caroli Chastrin die 9 A. mort. 11. 1805.

88.T.   C.G. Louise, Colas, Desfrancs, Damoiselle née le 15 Juillet 1805,
mariée le 6 Aout 1822, à Paulin, Costé, de Bagneaux, Ecuyer, devenue
mère le 1er Juillet 1823, Dieu l'appella à une meilleure vie le 15 du
même mois.   Elle n'a fait que passer sur la terre, édifiant par
la pratique des vertus chrétienne tous ceux qui l'ont connue...
elle emporte les regrets éternels de son époux et de sa famille.
qu'elle repose en paix.

89.   C.G. Anne, Angélique, le Blois, épouse de françois, Remagresi
décédée le 23 Aout 1814, agée de 52 Ans.   R.D.P. le R de S.A.   R. in pace.

90.   I.R. le C[s] de Joseph, Calonge, fils de Balaguer, Patraque, Espagnol,
agé de 3 mois décédé le 8 mars 1824.

91.T.   I.R. J. Josh Sue Docteur en Médecine Cheval. de l'O. R[l]
de la Légion d'honneur né à Orléans le 25 9bre 1786 décédé le
26 janvier 1824.   Louise, Caroline, Benoit, et ses deux fils ont
consacré cette tombe à la mémoire du plus tendre des époux et du
meilleur des pères.   R[t] in pace.

92.   I.R. le C[s] de Mde Amélie florence Eustier épouse de Mr
Rousseau Président de la cour royale d'orléans décédée le 19 février
1824.   Il ne fut point de meilleure épouse, ni de plus tendre mère.

93.   I.R. le C[s] de Judith, Victoire, Blanchard, agée de 63 ans
Vve de J. Nogaret décédé le 16 mars 1824.

94.T.   I.R. Prosper, Augustin, Tassin, de la Renaudière, décédé
le 30 8bre 1816 agé de 8 ans Amis.   Il fut bon chrétien ... ...
bon époux ... enfans ... ... cette ...
de leur respect et de leur amitié ...

95.   I.R. Jean, Fonterbe, père né à Belbère les Toulouse. Décédé le 21 mars 1824. agé de 69 ans.   Bon époux, tendre père, ami fidèle, il fut toujours homme de bien.

96.   I.R le C.s De félicité, Sophie, Marcille agée de 19 ans épouse de Denis, Louis, Le Sourd, décédé le 10 juillet 1814.   P.D.P. le R de S.A.

97. T   I.R. le C.s de félicité, Sophie, Marcille, agée de 19 ans décédée le 10 juillet 1811 épouse de Denis, Le Sourd, Negt.   P.D.P. elle.

98.   I.R. françoise, Agathe, de Carvoisin, Comtesse du Roux, décédée le 13 novemb. 1824 agée de 68 ans.

99.   Artur Mr. O. de Quinemont, né le 28 decemb. 1801, mort le 18 mai 1807.

100.   I.R. le C.s De Barnabé Cerclier agé de 5 ans décédé le 19 janvier 1824.

5.e Carré

101.   I.R. le C.s de Mde Madeleine, Sophie, Hureau, épouse de Mr Robert, de Massy, Negt. à Orléans décédée à Orléans le 10 avril 1817. agée de 35 ans.

102.   C.G. Marie, Anne, Julie, Penel, épouse de Mr Ami, Notaire, à Orléans, née le 20 mai 1789, décédée le 28 février 1817. Paroles de cette dame à l'agonie. Mondieu donnez moi la force de supporter mes derniers momens sans impatience.   P.D.P. le R. de S.A.

103.   B.   ✝   δ.

104.   Frédéric, Ducommun, mort le 25 mars 1817   P.D.P. le R de S.A

105. T   A Jean, Louis, Pelletier, né le 5 Aout 1780 décédé le 7 8bre 1816.

106.   I.R. le C.s D'adeline, Hyacinte, Florence, Larousse, née le 25. 8bre 1811, décédée le 8 juin 1825, regrettée de ses Parens.   P.P. le R de S.A.

107. M.l   A la Mémoire d'un bon Père d'une bonne Mère éternellemt réunis, leurs trois enfans.

108.   I.R. le C.s de Marguerite, Foucaut, femme de Joseph, Feuillâtre, morte le 3 juillet 1816 agée de 65 ans.   P.D.P. le R de S.A. ?

109.   I.G. le C.s de Dame Josephine, Marie, Adélaïde, Pougin, agée de 41 ans épouse de Mr. Gabriel, Royer le jeune propriétaire à orléans décédée le 8 Avril 1816.   R.t in pace

110. I.R. Henri, Robert, Boucher de St Calendou, décédé le 11. xbre 1824. à l'age de 62 ans. Il visitait les Prisonniers, consolait les malades, priez pour lui, unissez vous aux malheureux qui ont pleuré sur sa tombe.... à sa Mère..... à sa Veuve.... à ses Enfans.

111. I.R. Jullien, Bouilli décédé le 17 9bre 1824, lorsqu'il commençait à jouir de ses pénibles travaux, agé de 61 ans 7 mois. Il laisse une épouse inconsolable et des enfans, qui le regretteront jusqu'au moment ou ils le rejoindront.

112. I.R. Marie, Jeanne, Bourdais, Vve Anselme, née le 9 Aout 1742, à Angers décédée le 17. 8bre 1824.   P.D.P. le R. S.A

113. C.G. Edouard, fils du Général Thiébault et de dame Elisabeth, Chenais, né à Orléans le 25 prairial, An 10, mort le 10 fructidor suivant

6.e Carré.   6e Carré

114. I.R. le Cs De Mlle Marie, Madeleine, Thérèse, Imbault, décédée le 24. xbre 1815.   P.D.P. SA

115. I.R. le Cs de Messre Claude, Deloynes, D'Auteroche, chevalier d'honneur décédé le 17. 9bre 1823, à l'age de 80 ans.
Homme vertueux, bienfaisant, littérateur distingué, avantageusement connu par ses traductions d'horace de Virgile &ca. Doué d'un caractère doux affable qu'il a conservé jusqu'à son dernier moment malgré les douleurs aignes d'une maladie cruelle, vivement regretté d'une épouse chérie, de ses parens et amis, des personnes qui l'entouraient et des pauvres dont il était le père et le soutien.   P.D.P le R. S.A

116. I.R. V.M. A. Bâtardon décédée le 11. 8bre 1823 agée de 21 ans et M.A. Bauhaire sa mère épouse de S. Batardon décédé le 20 xbre 1823 agé de 57 ans.   P.P. elles.

117. P.D.P le R de l'Ame, de Anne, Blandine, charlotte, Tiboust, Seguy, bonne mère, bonne épouse bonne Chrétienne décédée le 9 mai 1815. agée de 67 ans.

118. C.G. henri, Bealeu, Md Boucher Décédé le 15. 9bre 1823, agé de 40 ans, regretté de sa femme, de ses enfans, de ses parens et amis.   P.D.P le R. S.A

119. I.R. le Cs de Nicolas, Joachim, Magloire, mort agé de 48 ans, décédé le 8. 8bre 1823, époux de Marie, Jeanne Louise Tessier.   P.D.P Son...   R'in pace

68.

180.   I. R. le C.... de Modeste, le Tellier décédée le 1. 7bre 1823, âgée de 24 ans
épouse de Laurent, Michel, elle fut bonne mère, bonne épouse,
regrettée de ses parens et de ses amis. ———— P.D.P. le R. de S.A.

181.   I. R. le C. de Pierre, henri, Michel, décédé le 5 7bre 1823 agé
de 37 ans, époux de Marie, anne Costé, il fut bon Père, bon
époux regretté de ses parens et de ses amis.   P.D.P. le R. de S.A.

122. M^t

HIC JACET	CI GIT
Petr. Aug. Lud. Néron	Pierre, Auguste, Louis, Néron
olim Notarius Aureliæ	ancien Notaire à Orléans,
hic defunctus 14 martii 1824,	décédé dans cette ville le 14 mars 1824.
Anno ætatis 64	âgé de 64 Ans.
Deceðat hunc lapis incultus	Un Tombeau simple,
moribus simplicem,	Convenait à l'homme modeste,
qui, integer vitæ,	Qui vécut sans reproche
juris et æqui studiosus	Livré à l'étude du droit
labori intentus continuo,	de la justice;
Spretâ fortunâ,	Occupé d'un travail assidu;
d'une mediocritate	Et dédaignant la fortune
dagit aureâ.	Au sein d'une heureuse médiocrité.
Amicitiæ et grati amaui posuit	D.S. lui a fait élever ce Monument
Monumentum. D.S.	par amitié et par reconnaissance.

123.   10 Aout 1823 . ici repose D^{lle} Aurélie d'Orléans, enlevée
à 17 ans, au monde et à sa famille, dont elle fit le bonheur et le
charme, épuisée par de longues souffrances à son heure dernière;
elle a trouvé dans la Religion la force d'acquitter toutes les dettes
du cœur le plus aimant envers Dieu et ses parens et laisser un
souvenir plus durable que sa vie ———.

124.   I. R. le C. de Jean Batiste Beckers, de Paris décédé à Orléans
le 1. 9bre 1814, agé de 39 ans, ce souvenir religieux a été élevé par ses
quatre filles Mesd^{mes} Delaflautrie, Bruyn, Brosset et Andrieu
   que S.A.R. en P.

125.   I. R. le C. de Dame, Antoinette, Marie, Delâage, âgée de 40
ans, décédée le 25 juin 1823. Damoiselle, épouse de Mr de Gaillard,
Descares Chevalier.   P.D.P. le R. de S.A.

126.   Al... bon.... le Comte décédé par .... le 7 juillet
1823 ....

127.   I. R. le Cs de Marie, Louise, Cadorne, Mariée au Sieur Pierre, Jacques, Moreau, le 22 mai 1822, à l'âge de 26 Ans le 8 juillet 1823.
          P. p. le R. S. A.

128.   I. R. les Cendres de Victoire, Nicole, Dufour, ex-religieuse du Monastère de Patay et ancienne Econome de l'hôtel-dieu d'Orléans, née à Paris le 2 février 1760 décédée le 14 février 1806.

129.   Aux Mânes de Louis-Gault-Barbier, décédé le 7. 8bre 1814, âgé de 56. Ans.
          P. D. P. le R de S. A.

130.   Marie, Françoise de Menou, décédée le 1er avril 1799, âgée de 78 Ans.

131.   A Anne, Elisabeth, Venard, épouse de Mr Pierre, Marchand ancien procureur au châtelet d'Orléans, décédée le 13 mai 1823, âgée de 76 Ans.   Son Epoux et Ses Enfans.

    Elle fut pour nos cœurs, l'exemple des Vertus,
    Nos pleurs coulent ici Depuis qu'elle n'est plus.

7e Carré

132.   I. R. le Cs d'Isabelle, Sophie, Baronne de Villemor, Décédée le 8 avril 1823, âgée de 72 ans   Eteinte, elle est encore aimée.

133.   I. R. le Cs d'Anne, Marguerite, Sigval, décédée le 28 mars, fille du Chevalier du 5e Régiment de la garde Royale.

134.   Lisa, Vignal.

135.   I. R. le Cs d'Anne, Marguerite, Legivre, Vve de françois, Malon née le 6 février 1736, Décédée le 6 février 1812.   P. D. P. le R. de S. A.

136. Mr   I. R. Marie, Anne, Victoire, Gasnier, veuve de Jean, Sévin, née à Gidy, le 29 décbre 1759 décédée le 16 janvier 1823.
Pleine de sollicitude pour les autres, elle ne s'occupait jamais d'elle-même.
    Par ses deux fils.   P. P. M.

137.   I. R. Marie, Anne, Sophie, Pelletier, épouse de Denis, françois Marcille, Negt. à Orléans, décédé le 26. Xbre 1822, âgé de 51 An.

138.   I. R. le Cs de Marie, Anne, Merle, Dame Chavanne, décédée le 51 janvier 1823 âgée de 52 ans   Elle fut bonne épouse bonne mère.
        P. D. P. le R. de S. A.

139.   I. R. le Cs de Dame, Marie, Anne, Françoise Merignon, Vve de ch. j. Donatien, Aogatien, Bichereau, Md de Bateaux. Sa douleur la fit décéder 75 jours après son mari, le 8 Xbre 1822, âgée de 65 ans.

pendant sa vie modèle des épouses et des mères, amie sincère, elle est vivement regrettée de ses enfans et des personnes qu'elle s'était attachée.　　　　　　　　　　　　　　　　　　　P.D.P. le R du S.A

140.　　I.R. le C. de M. Nicolas, Pilté, ancien curé d'Olivet chan. tit. de l'Egl. Cath. d'Orléans, décédé le 13 9bre 1821, âgé de 61 Ans.　　P.D.P. le R de S.A.

141.　　I.R. le C. de Jacques, Claude, Pierre, Pilté, époux de Augustine, Desjardins, décédé le 18 avril, de l'an de grâce 1814, à l'âge de 55 Ans.
Vixit in propinquorum amicorum et bonorum memoriâ nunquam interiturus.

142.　　I.R. Gen. Renée, Sophie, Hubert, épouse de Jacques, Christophe, Requiescat in pace.
Pierre, François de Sales, Lorin, Notaire, à Orléans, décédée le 10 9bre 1822, à l'âge de 33 ans.　　　　　　　　　　　　　　P.D.P. le R de S.A.

143.　　I.R. le C. de Marie, Anne, Margte. Dupré, décédée dans le Seigneur le 8 novbre 1822, à l'âge de 63 Ans et 9 mois — Bonne épouse. A tendre mère, elle fut aussi l'amie charitable des Pauvres.　　P.D.P. le R de S.A

144.　　S. R. ?

8e. Carré

145.　　Barthélémi Berny, Propriet. d. le 16 nov. 1814 âgé de 74 ans.

146.　　I.R. le C. d'Emeric, Joseph, Roma, d. le 7 fev. 1811. Erigé en reconnaissance par L.D. son Neveu.　　　　　　　　　　　　P.D.P. le R de S.A.

147.　　I.R. Marie, Louise, Estelle, Grivot, d. le 5 juin 1819 âgée de 18 ans.

148.　　I.R. le C. de M. Pierre, Louis, Joseph, Bertheau, ancien agréé au Tribunal de commerce, né à Pithiviers le 21 janvier 1751 d. le 9 Sept. 1818.

149.　　I.R. le C. de Charles, Alexandre, Bertheau né le 11 févr. 1807, d. le 30 janv. 1814.

150.　　Madelle. Natalie, Mellier morte le 19 mai 1819, à l'âge de 2 ans.

9e. Carré

151.　　A la Mémoire de Messre. Louis, Reynaud de Boulogne, Marquis de Lascours, Maréchal de camp, Doyen des Doyens de M. M. les chevaliers de l'ordre Royal et militaire de St. Louis, commandeur du même ordre décédé le 3 novbre 1822 âgé de 95 ans.

152. M.　　I.R. le C. de Dame, Caroline, Françoise, de Paris, Vicomtesse de l'Epinière ~ Modèle des épouses et des Mères dont la vie n'a été qu'une suite continuelle des vertus les plus sublimes. Elle a été enlevée le 9 oct. 1822, à son époux inconsolable et à son

malheureux enfans dont l'unique consolation sera d'honorer sa mémoire, en cherchant à l'imiter jusqu'au jour où elle leur obtiendra la grâce de la rejoindre. ______

153. I.R. la Cᵗᵉ de Gabrielle, Sophie, Marois, femme de Jacques, Robineau, décédée le 7 Août 1822, âgée de 62 ans. Bonne épouse, tendre mère, et dévouée à la Religion. ______ P.D.P. le R de S.A

154. I.R. le Cᵗ de M. Jean, Donatien-Rogatien, Bichereau, Mᵈ de Bateaux, époux de Marie, Anne, Françoise, Mérignon, décédé le 24 Sept. 1822, âgé de 63 ans. Descendu dans la tombe au moment où il allait jouir de ses pénibles travaux, il laisse une épouse et trois enfans inconsolables de sa mort. P.D.P. S. A.

155. I.R. le Cᵗ de Antoine Fornier Duplan décédé le 22 Avril 1814 âgé de 57 Ans. P.D.P. le R de S.A

156. I.R. le Cᵗ de Mᵉˡˡᵉ Jeanne, Gireault, décédée le 13 juillet 1822.

157. Marie, Rose, Hilarion, Philippe, femme Sarraut, décédée à Orléans, le 12 juin 1822, âgée de 35 Ans. Tendre épouse, bonne mère au-delà même du tombeau; elle s'est trouvée moins malheureuse en quittant quatre enfans, de pouvoir reposer ici à côté de deux, dont la mort l'avait séparée. ______ P.D.P. le R de S.A

158 M. Clotilde, Delimay, née le 27 Avril, Morte le 2 juin 1822.

159. C.G. Victoire, Monica, femme de Jean, Fontorbe, décédée le 5 mai 1814, âgée de 58 Ans. Elle fut bonne épouse et tendre mère, qui connut ses vertus chérira sa mémoire.

160. I.R. Marie, Fleuriau, Duplessis, de Villegomblain, Damᵉˡˡᵉ Vᵛᵉ de Amedé, François, Gabriel, Baguenault, de Villehourgeon, Écuyer, décédée le 26 mai 1822.

161. M. A la Mémoire du plus tendre des Pères,

Ici Repose Claude, Marie, Benoist, Olivier décédé à Orléans le 19 mai 1822.

C'est en vain que la mort en moissonnant les jours,
Croit dissoudre Benoist les nœuds de notre amour;
Tu vivras parmi nous. Ta mémoire chérie
Du fond de ton tombeau te rappelle à la vie.

162. M. A. J. B. L. Payen D. C. Chirurgien en chef de l'hôtel-Dieu d'Orléans décédé le 28 Avril 1822, âgé de 59 ans.
Son épouse, ses Enfans, son Gendre.

163. I.R. le C. De Marie françoise, Barbe, Marteau âgée de 42 ans décédée le 24 mars 1814, épouse de Denis Fleureau, Boulanger à Orléans.

164. I.R. le C. De Dame Marie, Elisabeth, Généviève, Patas Desnoues épouse 1er. elle de Mr Pierre Augustin Cursault ancien lieutent général du Bailluge d'Orléans, Décédée le 25 février 1814, Dame des Pauvres de la Paroisse de Ste Croix. P.D.P.le R. de S.A.

165. A la Mémoire de Guillaume, Charles, Galisset, né le 14 Sept. 1765, décédé le 24 février 1822.

168 Ml. Marie Charles, Emile, Galisset, décédé le 2 mai 1822 âgé de 20 mois. Tu dors en paix mon Fils — Ta mère a perdu le repos.

166. I.R. le C. De François, Urbain, Le moyne, époux de Marie, Elisabeth, Norbec, décédé le 9 avril 1813, âgé de 63 ans 10 mois. p.d.p.le R. de S.A.

167. I.R. le C. de Marie Anne de la Boullais, épouse de Mr. J.f. Vignat aîné décédée le 20 xbre 1812 dans sa 54 année. PDELeRde S.A.

10e Carré

169. I.R. le C. de Claude, Guillaume Perche, prêtre, vicaire de St Donatien, âgé de 30 ans, décédé le 9 oct. 1812 victime de son zèle pour les prisonniers. P.D.le R de S.A.

170. I.R. le C. de Mr Louis, Demadieres Lasneau, décédé le 31 8bre 1812, âgé de quarts — Cette Croix est un gage de la Piété filiale envers le meilleur des Pères.

171. L. I.R. le C. de Nlle Marie, Anne, Justine, Colas de Malrousse Dame des Pauvres de Ste Croix, décédée le 12 xbre 1811 à l'âge de 52 ans, dans l'oceur des plus excellentes vertus. Rt in pace.

172. T. I.R. Mess. Jean, Louis, Anne, comte d'Hautefort ancien premier Gentilhomme de la chambre de Mr le comte de Province, aujourd'hui Louis XVIII, chevalier de l'ordre royal et militaire de St Louis, Maréchal des camps et armées du Roi, décédé à Orléans, le 15 7bre 1812 après huit ans d'Exil — (depuis...)

173. I.R. le C. De Marie, Le gangneux, décédé le 25 decb. 1805 âgé de 29 ans.

174. I.R. le C. de F.R. Désiré, Léon, décédé le 1. mai 1820, âgé de 7 ans.

Enfant chéri et si digne de ... emportés dans la tombe notre espoir et nos plus chers regrets... De J. Eugène Léon ... le 1.8... 1818 âgée de 20 mois et De J. Eugène Léon, De le 16 fév. 1820 âgé d'1 an... Tous trois enfans de René Léon Md charron et de ... Cath. Rigeon son épouse

175. C.G. Jean, Couralle, fils légitime De Mr Christian Couralle, et De
dame Célvine, Meingault Couralle, né le 13 9bre 1806 décédé le 5 7bre 1811.
   Enfant bien né et de grande espérance il a emporté tout le regret de
ses parens.

176. I.R. le Cre de Rose, Antoine, Riche, Judon, décédée le 6 mars 1820 agée de 5 mois.

177. I.R. le Cre de Marie Mad.me Delecure, Vve De Mr Joseph, Peguy, décédée
le 5i Avril 1811   P.D.P. le R de S.A.

178. I.R. le Cre De Guillaume, Séraphin, Breton décédé le 3 décembre 1819 agé de 6 ans.

179. I.R. le Cre de M. C. Thimonier, Vve De Mr Quesnel décédé le 22 9bre 1819 agé
De 71 ans   P.D.P. le R de S.A.

180. I.R. le Cre De Mr françois, Michel, Romagnesi, Sculpteur décédé le 16 novbre
à l'âge de 71 ans   P.D.P. le R de S.A.

IIe Coccé

181. I.R. le Cre De Mr Guillaume Pierre Laurent, décédé le 25 janvier 1811 agé de 6 ans

182. I.R. le Cre De Mr Jean-batiste, Meunie, fils De Mr Meunie-Mathieu prop.re
décédé célibataire le 30 decembre 1811 agé de 39 ans.   P.D.P. le R de S.A.

183. C.G. Marie Joseph, Dinard, décédée le 28 janvier 1811 agée de 40 ans
9 mois épouse de Louis, François, Leroux.   P.D.P. le R de S.A.

184. Se fiant sur la miséricorde de Dieu et attendant la bienheureuse
résurrection, ici repose Mlle Olimpe, Elisabeth Boucher de Molandon née
le 19 janvier 1766, et décédée le 30 janvier 1811 agée de 56 Ans et 11 jours.

185. Mr To the memory of julia widow of georges Dacre Esqr of marvel housse
in the county of hants who died at orléans february 7th 1811 aged 59—she was beloved.

186. Mr May I die. the death of the Rightvous and may my last end
be like hils.~   Nevers was tribute by an adopted daughter more
justly paid to virtue talents and excellence, than in the erection of
this monument to the memory of Mrs Sweatenham waters of new-castle
upon tine who closed a life spent in the active exercise of the highest
intellectual endowments at Orléans, the 14th january 1811, in the 74th year
of her age admired, esteemed deplored by strangers relatives and friends.

187. I.R. le Cre De Mr André Joseph, Marin Fouqueau greffier du 5e canton
d'Orléans décédé le 18 mars 1811   P.D.P. le R de S.A.

188. C.G. du Cre De Mr Liebicton aîné Mr Vinaigrier, décédé le 21 décembre
1811 agé de 70 ans   P.D.P. le R de S.A.   Amen

7e.

189. M⁺   Eugène 1824.

190.   I.R. le C⁵ de Georges, Goineaux, Mathieu, décédé le 7 oct. 1821 agé de 56 ans p.p. lui.
          Au Souvenir touchant du meilleur des Parains
          Son Filleul élève cette croix de ses mains,
          Toujours de son bon cœur il eut le témoignage
          Ce pieux monument est son dernier ouvrage.

191.   I.R. le C⁵ de M⁺ Mansiau décédé le 25 Sept. 1821.

192.   I.R. le C⁵ de M. Pierre Verdigny, Vitrier, décédé le 21 Aout 1821 agé de
          55 ans. ~ Il fut bon époux, bon Ami, et le bienfaiteur de sa famille.

193.   I.R. le C⁵ de Marie Augustine Péan Veuve de M⁺ le Grand Berthelevey,
Décédé le 7 Aout 1821   P.R. elle.

12e Carré.

                    12e Carre

194. M⁺   Sur les marbres d'un Monument remarquable, on lit ce qui suit.
          Omnis tecum unà perierunt gaudia nostra
          Quæ tuus in vita dulcis alebat amor.
          Ici repose en attendant son Père M. C. Thérèse, Miron de Lespinay, née le
          11 février 1803 ~ Fille tendre et dévouée, excellente sœur, amie sure et
          sensible elle a quitté cette vie de douleur le 26 nov. 1822. ~ Elle fut
          le modèle de toutes les vertus et la parfaite image de sa mère, décédée
          le 16 février 1810, agée de 28 Ans.
          Dans l'intérieur du Monument sont gravés ces mots.
          Hoc paternus amor posuit monumentum
          Qui noctes diesque jungit fletibus
          Pietatis enim, erga parentes specimen condit et servat.

195.   C.G. M. S. Millot, épouse de Auguste, Vera, décédée le 10 oct. 1812.
          Son désir fut que Thérèse, Gougis (sa bonne) soit à sa mort réunie à sa tombe.

196.   I.R. Marie, Anne, Bailly, de Senneville décédée le 7 janvier 1824,   P.D.P.S.A
          agée de 83 ans   R⁺ in pace.

197. T   To the Memory, of captain Coll. Mc. Dougall of hs Royall high-
          landers who departed this life on 10th march 1821 in the 34th year of his age.

198.   I.R. le C⁵ de Ant⁺ Rome, M⁺ Charpentier, décédé le 24 mars 1824 agé de 63 ans.
                                                                        p. d. p. le r. de s. a.
199.   I.R. le C⁵ de Marie, françois, Corbin, agé de 63 ans épouse d'Aignan
Pierre Lien, décédé le 7 mai 1824   P.D.P. le R. de s.A.   R⁺ in pace.

200. I.R. Ic. Ci. De Catherine, Julie, Chaude, femme Chausson, agée de 47 ans.
Décédée le 11 sept. 1820, et de Julie, Euphrosine, leur fille, agée de 13 ans,
Décédée le premier janvier 1823.   P.D.P. le R de S.A.

201. I.R. Demoiselle, Julie, Hortense, Plantin, décédée le 2 nov.b 1820 agée de 22 ans.
Elle n'a brillé qu'un moment elle laisse de longs regrets.

203. I.R. le C. de Mde Anne, Naras, épouse de Mr Lesourd, serrurier décédée
le 3 sept. 1820, agée de 55 ans.   P.D.P. le R de S.A.

204. I.R. le C. de Mr. Jean batiste, Cadorne décédé le 11 Aout 1820 agé de 23 ans
    P.P.le R de SA

205. I.R. Etienne, Boyé, Entrepreneur de bâtimens, Architecte des Hospices
et membre du conseil municipal de la ville d'Orléans, agé de 78 ans,
mort le 10 février 1821. Aimé et honoré de ses concytoyens pour sa
probité et ses talens: cette fragile renommée périra avec eux; mais ses
pieuses et riches fondations en faveur des pauvres et des hopitaux rendront
sa mémoire immortelle. Monument de reconnaissance de Jean, Louis,
Boyé, pour un oncle chéri et révéré.

206.I To the memory of Richard Tyson esqr native of St. Kitts et
mani years resident in the city of Batth he was born 26th of
decb 1736 old style et died 21st of novr 1820.

207.I The memory of the just is blessed this Stone is erected by his
Gratefuld and afflicted grand daughter martha sophia Butler.

208 T I.R. Mad. Marie, Madeleine, Françoise Boyelet de Boissy chanoinesse
d'honneur du Chapitre de Joursay décédée à Orléans le 27 Aout 1820.

209. I.R le C. de Antne Jean, Louis, amédé, Dumontel, enfant de Mr Dumontel et
de Md. Vignat décédé le 6 7b 1820 agé de 10 mois   (qu'il repose en paix)   P.D.P.le R de SA.

Cimetière Protestant

210.I Sacred to the memory of sarah the beloved wife of james woodbridge
Walters esqr of barnwood house in the county of gloucester who died
at orléans on her way to Toulouse for the recovery of her healthe
o the 16th day of september 1826 in the 21th of her age.
She was pious affectionate kind and humble she died in the firm
belief of a happy resurrection thiong Jesus christ in life she was dearly
beloved and sincerely esteemed and in death deeply regretted by all
who knew her.   (conservin à longue année)

pag.

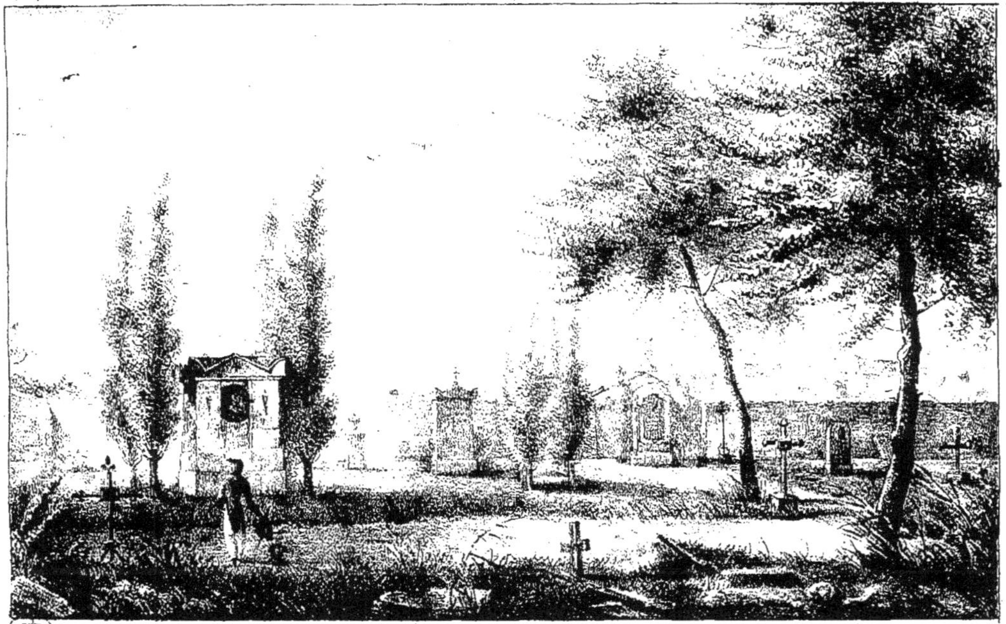

Cimetière St. Jean.

Cimetière de St. Jean.

Ce Cimetière est situé à l'ouest de la Ville, près des Boulevards extérieurs, entre la porte St Jean et la porte Madeleine. Il a environ cent mètres de largeur du côté de la grille d'entrée, et cent dix mètres à l'extrémité opposée; sa longueur est de quatre vingt quinze mètres. Il est fermé par une grille de fer ouvrant à l'est. Au long des murs dont il est entouré, sont plantés et cultivés des arbustes et des fleurs.

Il est partagé par une allée qui le traverse de l'est à l'ouest, en deux grands carrés, divisés eux mêmes, par de petites allées, en quatre parties inégales du côté du Nord et presqu'égales du côté du Sud. (§) Il sert aux inhumations des Paroisses, succursales et oratoires, de St Paul, de St Paterne, de Recouvrance, de St Laurent, de l'hôpital général, et de la maison de la Croix.

Une Croix dorée soutenue par une colonne de Marbre et entourée d'une grille de fer s'élève au milieu de l'allée principale; elle est due à la piété de Mde de la Roussière, qui a fait graver les inscriptions suivantes en lettres dorées, sur quatre plaques de marbre incrustées dans la base de la Colonne.

Omnes qui in monumentis sunt, audient vocem filii mei et procedent, qui bona fecerunt in resurrectionem vitæ, qui vero male egerunt in resurrectionem judicii.   (Joann.)

Scio quod redemptor meus vivit, et in novissimo die de terra surrecturus sum, et circumdabor pelle mea, et in carne mea videbo deum meum in sinu meo. (Job. 19)

Ad Dei gloriam et memoriam sui Sponsi, Maria Bouet de la Noue vidua Rᵗⁱⁱ Jhi Cᵗⁱⁱ Dupont d'Aubevoye de la Roussière, monumentum istud temporum calamitatibus penè destructum, ex toto renovavit, anno M.D.CCC.XVII.

Hanc Crucem solemniter benedixit, D. Att. Rⁿ. Merault, superior seminarii, Decⁿˢ et vicarius Capitularis Diœcesis Aurelian. sede vacante, die VII mensis octobris, anno M.D.CCCXVIII.

Epitaphes.

1er Carré.

1. I.R. le C.^s de Mr. Noël, Étienne, Brochon, agé de 46 ans Ancien ferblantier, natif d'Orléans, décédé le 11 mai 1815.

2. I.R. Dame Marie, Magdeleine, Nibelle, épouse de Mr. Gervais, Fian, ancien Rafineur agée de 69 ans décédée le 5 octobre 1820

3. I.R. le c.^s de M.^d Aignan, Sergent, époux de Dame Marie, Thérèse, Besnoit, décédé le 21 juillet 1814 agé de 78 ans   P.D. p.l.R. d.s.A.

4. I.R. le C.^s de Dame Marie, Thérèse, Besnoit, épouse de Mr. Aignan, Sergent, décédée le 26 Avril 1807 agée de 72 ans. pice posuere natæ.   p.D. p.le R. de S.A.

I.R. le C.^s de Mr R.C.M. Capt. décédé le 23 mai 1816 agé de 71 ans. Magistrat intègre, bon Epoux, excellent Père, homme sensible et aimant.   p.D. p.l. R.2.s.A.

7. Cigit, Jacques, Philippe, Miron St Germain, décédé le 14 mai 1815 agé de 76 Ans.   p.D. p.l. A.d.s. A.   R.^t in pace.

I.R. Paul Rousset, ancien conseiller du Roi de la garde de Courcey, né le 9 x.^{bre} 1732, décédé le 3 x.^{bre} 1820 p.D. p. l'A. de S. A.

8. D.O.M. hic jacet Joannes, Bezeau, Mariæ, Theresiæ, joubert, viduus. Fuit vir simplex ac rectus, et timens Deum et recedens à malo, omnium que Catholicæ, Apostolicæ ac Romanæ ecclesiæ præceptorum observantissimus patientiâ verè christianâ, per viginti et amplius annos, gravibus in perferendis doloribus excelluit. pauperibus tamdem, licet ipse Pauper quantum potuit auxiliatus est. Obiit 22. octobris, anno Jesu Christi 1808 Suæ 82 R.^t in pace — Hanc crucem, pietate filiali, Patri carissimo Joannes, Nicolaus, Bezeau hinc urbis hujus Xenochii, Seu generalis domus pauperum rector Capellanus, in perpetuam memoriam erexit. —

9. Cigit Marie, Madeleine, Petau, épouse d'André, Chapiutin Decedée le 31 janvier 1815 agée de 85 ans   P.D. p. le A. de S. A.

10. T   I.R.^t les précieuses nunc: de henriette, Geneviève, Bizot, née

le 19 février 1786 mariée le ... juin 1802 à Révérien Boulé. Morte
comme une sainte le 7 juin 1808 agée de 22 ans. fille et sœur chérie
bonne épouse et tendre mère de cinq enfans.

11. Baptistine, Pauline, G. née le 7 x.bre 1807 décédée le 2 octobre 1808.

12. A Clarisse, Louise, Barbara, née le 13 avril 1820, décédée le 13 octob. 1820.

13. A Abraham, Joseph, Fleury, pensionnaire du Roi, né à Chartres
le 27 octobre 1750, mort à Orléans le 3 mars 1822.

14. I.R. le C.e de M.r Charles, Rabourdin, ainé, propriétaire époux de
M.de Anne, Madeleine, Blanchard, décédé le 18 9.bre 1820 agé de 63 ans et demi.

15. I.R. le C.e de Victoire, Elisabeth, Asselineau, agée de 17 ans 8 mois
décédée le 3 9.bre 1820. _______ d.D. p. le R de S.A.

16. T   I.R. J.P. Nicolas, de Beranger, ancien Capitaine au Régim.t
du Maréchal de Turenne décédé le 1 janvier 1821 à l'age de 67 ans.

2.e Carré

(marge : 2.e Carré)

17. T   Ci git le corps de Dame Anne, Victoire, Vincent, Veuve de
M.r Louis, Sautelet —   Sa tendresse maternelle se partageait
entre ses enfans et les pauvres, sa famille adoptive. Elle rendit son
ame à Dieu le 12 juillet 1815. _______ C.D. p. le R de S.A.

18. T   Marie, Eugénie ....

19. T   Ci git qui fut bon époux, père tendre, ami sincère, citoyen
sans reproche, homme de bien et modeste, Louis, Nicolas, Sautelet.
Il s'endormit dans le Seigneur le 9 Novemb. 1814 —

20. I.R. le C.e de M.r Théodore, Bouffet, ancien administrateur et
employé dans les administrations civiles et militaires. Né à Rosières
Dep.t de la Somme. marié à Nantes le 18 avril 1785 avec Dame Marie,
Anne, Claire, Roncend, décédé le 22 mai 1821 à l'age de 60 ans.
Bon époux, franc, loyal et Ami généreux, son cœur seul l'excitait
à faire des heureux —   qu'il ... au pays C.D. L.lui. —

21. Ci git Anne, Victoire, Sautelet, femme de S.J.F. Margouiller,
agée de 24 ans décédée le 8 avril 1804 sans que Père, Mère, Mari, frères,
sœurs ayant sens si elle eut une volonté.   C.D.C.S.A.

22. I.R. le Ct. de Laurent, Désiré, Bretonnière agé de 2 ans et demi, décédé le 26 avril 1811.

———

23. I.R. le Ct de M. François, Marion, né à Paris le 17 mai 1741, décédé à Orléans le 9 février 1821.

———

24. Mt   I.R. le Ct. de Messre Etienne, Colas, sieur de la Noue. Conseiller de Préfecture du Dept. du Loiret, Chevalier de l'O. R. de la légion d'honneur, né à Orléans le 19. 9bre 1753, décédé dans la même ville le 23 juin 1821.   Rt in pace.

Deo Regi Patriæ fidelis. Parentibus, uxori, nato, ardens et votis. in pauperes liberalis, erga cives officiosus. placide migravit ex hoc seculo.

Jacobus de la Noue in regia Aurelianensi curia Consiliarius decanus carissimo parenti mœstus posuit.

Ce Monument un des plus remarquables du cimetière porte les armes de la maison Colas, qu'on voit aussi à la voute du cabinet de l'annonciade, construit sur le lieu ou coucha Jeanne d'Arc.

25. I.R. le Ct. de Marie, Madeleine, Foulon, épouse de M. Mignon, Percheron, Décédée le 7 Nov. 1806.

26. A la mémoire de Louise, Larratte, décédée veuve de Pierre clément le 10 juin 1821.

———

27. T   I.R. Achille, Savouret, décédé le 23 juin 1816. agé de 21 an 10 mois 1 jour.
Son trépas fait couler nos pleurs   Brave, loyal, ami sincère,
Il était bon fils et bon frère,   Il vivra toujours dans nos cœurs.

———

28. I.R. le Ct. de M. Etienne, Blanc, Serruquier décédé le 15 juin 1821 agé de 62 ans et demi — Il fut le meilleur des Maris et le plus tendre des Pères.   P. D. P. le R de S. A.

———

29. Ci git Michelle, Dorothée, Rosalie, Lucas la Motte morte le 15 avril 1813.   P.D.P. le R de S. A.

———

30. I.R. le Ct. d'Anne, clément, Veuve de Jean, Grenet, décédée le 17 Décemb. 1813   P.D.P. le R de S. A.

———

31. I.R. le Ct. De M. Etienne, Tremblay, Orfèvre agé de 71 ans décédé le 3 mai 1804   P.D.P. le R de S. A.

32. I.R. le Ct. de Magd. Elisab. Creuzillet épouse d'Et. Guill. Destas orfèvre décée à Orléans le 19 mars 1805 agée de 19 ans.   P.D.P.L.R. de S. A.

33.   I.R. deux sœurs, Reine florence Hardin, née le 6 mai 1811, décédée le 6 Aout 1816, et sa sœur Rosalie, Hardin, née le 30 nov. 1815, décédée le 7 aout 1816.

34.   .... R. Rocheron âgé de 9 ans, décédé le 13 Aout 1816.

35. Mr.   Au meilleur des époux, au plus sincère ami, Monument de tendresse et de douleur élevé à la mémoire de J.J. Perdoulx Nég.t à orléans décédé le 7 juillet 1821 dans sa 56e année. Vous qui l'avez connu plaignez celle qu'il a laissée.

36.   Adolphe Sauger fils de Nicolas Sauger et de Thérèse Créteil mort le 7 floréal an 12 agé de 51 ans

37.   I.R. le C.d de Marie, Pierre, Henri, Durzy, conseiller du Roi à la cour d'Orléans, Décédé en cette ville le 5 janvier 1822 âgé de 33 ans.

38.   I.R. le C.d de françois, Raphaël, Ambère, Tinget age de XIX ans Décédé le 7 sept. 1822.

39.   I.R. le C.s de Marie, Anne, Bergeon, épouse de Jean François, Bechard, Orfèvre Décédé le 23 juillet 1807, âgée de 55 ans. P.D.P.L.R.d.SA

40.   Ci-gît Louis, de Gonzague, Aignan Chartrain, prêtre et Vicaire de la Paroisse de St Paul, Décédé le 28 mars 1821 age de soixante-dix...

41.   Ci-gît Dame Marthe, Catherine, Estève, veuve de Mr Nicolas, curé Négt à Orléans, Décédée le 27 juillet 1817, âgée de 77 ans P.R.p.l.R.de SA

42.   Ci-gît Jacques Blondin Marinier, âgé de 76 ans décédé le 27 juillet 1813.

43. Mr.   D.O.M. hic resurrectionem expectat Michaël Colas de Brouvile. Eques, natus Aureliæ 8 julii 1774 obiit 9 novemb. 1821.
Joan. Nic. de Berang'er et uxor. Mar. Ant. Colas de Brouvile.
Agn. Mar. Xav. Vinc. Fesne de Vernety et uxor. Paul. oct Colas de Brouvile, pietatis ac reverentiæ monumentum parenti optimo merentes nec non bene merenes posuere M.DCCC.XXI.

44.   I.R. le C.s de Louis, Antoine, Berruet, Boiteau, époux de Marie, Suzanne, Antoinette, Prudence, Prévot, décédé le 27 octob. 1814 âgé de 49 ans. P.D.P. le R. de SA.

3.e Carré

45.   I. R. P. C.s de Mr Pierre, Gidoin, ancien curé de Gommerville
décédé à Orléans, le 19 avril 1813 âgé de 78 ans.   R. in pace.

46. T.   C. G. Jenny, Nathalie, aimée, Rousseau Noury âgée de 13 ans 10 mois
décédée le 20 juin 1813   Elle reçut en partage tous les Dons de la nature,
Esprit, talent, bonté, douceur, patience, modestie et charité.

Jeune et vertueuse Rousseau,   Nous laissons au même tombeau,
En te quittant aimable fille,   Nos cœurs et ceux de ta famille.
                                                   I D P le R de S A

47.   A la Mémoire de la plus tendre des Mères,
ici repose Marie, Antoinette, Joséphine Doualle Veuve de François Noury
décédée le 26 janvier 1813 dans sa 71e année   I D P le R de S A.

48. Mt   A Mr J. B. Gallet décédé le 30 mai 1822 âgé de 53 ans.
Son Epouse, ses Enfans et son Gendre   de profundis.

49.   I R le Cs de Marie, Mte Joseph, Epouse de Jacques Gigou, décédée
le 8 juin 1822   P. D. P. le R de S. A.

50.   J. M. O.   I. L.

51.   I R Charles Gabriel, le Turq, N. décédé le 26 janvier 1822 âgé de
63 ans   Erigé à sa mémoire par Marie, Anne, Gaudin son épouse

52.   I R un bon fils, bon époux et tendre Père, René Gabriel Perré né
le 21 juillet 1757 décédé le 7 janvier 1822 âgé de 65 ans 5 mois 17 jours
                                                   P. D. P. le R de S A.

53.   I R le Cs de Madame Marguerite, Victoire, Foucault épouse
de Mr Falet, Md de vins, vinaigrier, décédé le 14 8.bre 1814 âgée de 47 ans.
                                                   I D P le R de S A.

54.   Ci git Marie, Alexandrine, Noémi, de Caillard-Desceures née le
2 février 1808 décédée le 11 Aout 1814.

55   C. G. Marguerite, Thérèse Berlié, épouse de Laurent Jourdan, fabriq.t
décédé le 3 Aout 1814 âgée de 31 ans   Epouse chérie, Mère adorée,
Amie parfaite elle possédait toutes les vertus   I D P le R de S A   R. in pace

56.   I. R. le Cs de Mde S. le Bœuf, épouse de Mr L. C. Regnerd huissier
à Orléans décédée le 20 8.bre 1821 âgée de 52 ans.
Elle fut regrettée comme le modèle de la vertu   I D P le R de S A

57.   I R Alexis, Barrault mort le 17 février 1822 à l'âge de 14 ans

2 mois 2 jours — Il était l'amour et l'espoir de sa famille par la
bonté de son cœur. La couronne de ses maîtres par ses succès heureux
et son application. Les délices de ses condisciples par la franchise de
son âme. Il eût été la joie de l'Église par ses vertus ecclésiastiques.
Il espérait soutenir la vieillesse d'une mère chérie. Il est mort consolé
par la religion et pleuré de tout.   P.D. p. le R. de S. A.

58.   I.R. le C.s de Jean, Charles, Petit avocat décédé le XIX mars
MDCCCXXII âgé de LXXXV ans.

59.   I.R. Simon, Gatien, Siron, décédé le 23. 9bre 1807, Marie Amable
Baulard son épouse décédée — — — Claude Gatien Siron leur
fils, décédé le 22. Sept. 1807.   P.D.P. leur A.

60. M.   I.R. le C.s de Ste Anne, Gabriel, Richard, née le 15 février 174(.)
décédée le 25 mai 1822. Vve de M. Olivier le Maître.
    Des Mères les plus tendres, des épouses les meilleures, des cœurs les
plus sensibles elle fut le modèle; pour le bonheur des siens hélas!
jamais pour elle elle sut se sacrifier jusqu'à sa dernière heure.
Puissent nos prières s'élever jusqu'au thrône du tout puissant afin
qu'il la reçoive au nombre de ses enfans.

61.   I.R. le C.s de Mde Anne, Rabourg, âgée de 61 ans épouse du Sr Karel
décédée le 26 juin 1822   P.P. elle

62.   hic jacet Joannes Marchial, sacerdos Virodunensis vicarius
santonarum rector ac canonicus qui ob suum in fidem catholicam
studium spoliatus rebus suis et patria pulsus, ab exilio redux,
hospes venit in Aureliam ubi modestia et pietate commendatus,
obiit die 30a mensis aprilis anno gratiæ 1810 ætatis suæ 74.

63.   I.R. le C.s de Demoiselle Julie, Crignon, décédée le 3 octob. 1822.
    Son amour pour Dieu, sa charité pour les pauvres, son amitié pour
ses parens l'ont fait chérir et regretter de tous ceux qui l'ont connue   P.P. elle

64.   I.R. le C.s d'Adelaïde, Thérèse, de Troyes. Veuve de Charles Deloynes
de Gaubry, décédée à Orléans le 26 juillet 1817 âgée de 75 ans.
Elle passa sa vie dans la pratique de toutes les vertus.   R.I.P.

84.

65. I.R. le C.s de bon et respectable père. Pierre, L'huillier vitrier
décédé le 13.7bre 1807 âgé de 73 ans.   P.D.P. le R de S.A.

66. I.R. également le corps de Jacques, Augustin, L'huillier, vitrier
époux de Mde Druilhet, décédée le 11 octob. 1808 âgé de 53 ans.
Digne héritier des vertus de son père, sa trop courte carrière, laisse
une épouse et quatre enfans inconsolables de sa perte. P.P.P. le R des A.

67. M.t I.R. le C.s de Mlle Marie, Anne, Agathe, Gaudin Béchard décédée
le 28 avril 1822, âgée de 20 ans et 10 mois, regrettée de ses parens.

68. I.R. le C.s de Marie Madeleine, le Plâtre, âgée de 36 ans épouse
du Sr Pierre, Rocheron — Bonne épouse et tendre mère aimée de
son mari et Chérie de ses enfans qui la regretteront toute leur vie.
décédée le 17 avril 1822.   P.P.P. le R. d. S.A

69. I.R deux époux Jacques, Delarue décédé le 3 janvier 1814, âgé de
63ans et Son épouse Louise, Renault, décédée le 23 Sept. 1811 agée de 63ans.

70. I.R. le C.s de Anne, Sallé, veuve de J.Bte Vere décédée ... R.P.P leur f...
9 decemb. 1822.   I.D.P. elle

71. J.h M.re Gautier, agé de 11 mois et demi, décédé le d'août 1822.

72. M.t A Dominique, Cossart, Directeur de la Troupe des Funambules,
décédé à Orléans, le 26 juin 1822, agé de 52 ans.
Vertueux, bienfaisant, tendre époux et bon Père.
Il fit de ses amis autant d'admirateurs
La mort l'enferme en vain sous cette froide Pierre
Son souvenir vivra constamment dans nos cœurs.
, Sa veuve et ses enfans.

73. I.R. le C.s de Mde Elisabeth, Lespinace, épouse de M. Antoine,
Barba, décédée le 15 juin 1822 agée de 53 ans   P.D.P. le R de S.A.

74. I.R. le C.s de Mde Marie, Suzanne, Sézeur, décédée le 18 juillet
1822 agée de 72 ans épouse de Pierre, Callier.   P.D.P le R de S.A

75. D.O.M. Attendant la bienheureuse résurrection, espérant en la
miséricorde de Dieu.   ICI REPOSE
Robert Colas Desfrances, chevalier, membre du conseil général de la
commune d'Orléans, né le 17 xbre 1760, mort le 28 janvier 1819.

marié en premières noces à Catherine, Solange, Miron ; Damoiselle et
en secondes noces à Adelaïde, Barbot ; Damoiselle.
Saveuse et ses enfans inconsolables lui ont élevé ce monument tribut de leur
amour et de leur attachement.. _______________ R. in pace.

76. I. R. le C. - - -   Louise, Victoire. —

77. C. G. A. R. Thomas, femme Samson, décédée le 3 aout 1822 agée de 32 ans
Bonne épouse et tendre mère regrettée de ses parens et amis. P. P. S. A.

78. C. G. D^me Catherine, Cordonnier, épouse de M. Pierre, Rouilly, bourgeoi
Décédée le 24 mars 1809 agée de 65 ans. _______________

79. I. R. le C. de Thérèse, Rigault, décédée le 31 juillet 1822. (R. in pace.)

80. Mt Dame Adèle, Alexandrine, Eléonore, Prudence, le Sénéchal de
Kercado Épouse de M. le Chevalier de Boisseline, ancien officier des
cent Suisses du Roi décédée à Orléans le 15 juillet 1822 agée de 36 ans.
Vertueuse autant qu'aimable elle excellée par la bonté du cœur et fut
un modèle de la tendresse conjugale.

81. I. R. le C. de M^de Mme Alexine Torru, épouse de M. Martin Prosper
Ropignot . . . . . . décédée le 6 oct. 1822. agée de 26 ans 2 mois bonne épouse et bonne
mère   P. D. P. le R. de S. A.

82. Mt I. R. le C. de Dame Ursule, Gertrude, Généreuse, Saurel épouse de
M. Louis, Hellier. Elle fit pendant dix ans le bonheur de son époux elle eut des
amis, tous la pleurent, les pauvres, les ouvriers perdirent en elle une mère.
Elle mourut le 17 juin 1822 agée de 31 ans pleine de foi, de résignation et d'espérance. R. S. elle.

83. I. R. le C. de M. Laurent, Saurel, en son vivant fabriq^t de bonnetterie
Décédé le 30 juin 1812 agé de 67 ans et de D^lle Louise Sophie Saurel sa fille décédée
le 24 juillet 1819 agée de 36 ans. _______________

84. I. R. le C. de M^de M. M. Levat, décédée à Orléans le 20 oct. 1822 agée de
40 ans épouse de J. B. Jolivet. Elle emporté avec elle les regrets d'un époux
chéri et de ses chers enfans. A la meilleure des Mères — P. D. P. S. A.

85. I. R. le C. de Jean, Louis, Lessince, mort le 13 oct. en 1812.

86. I. R. M^de Mme Louise, Catherine, Chatte Vve de M. Aug^te Fouchet décédée
le 26 Decemb. 1822. agée de 68 ans. P. D. P. le R. de S. A.

L^e Carré.

Léservé
87. Mt Elue par la piété filiale à la meilleure des mères. D^me Madelaine
Brunet, Vve Aignan, Grand maison Décédée le 22 nov. 1823 agée de 88 ans.
                                       P. P. elle.

88.   I x le C.s de Mr. Louis, ismaël, Chevallier décédé le 27 avril 1823, âgé de 69 ans, épouse de Mme Julie, sophie, adélaïde Maugars — qui consacre ses vertus chérira sa mémoire.

89   C.G. Madeleine, Poirier, âgée de 73 ans, femme de charles, michel.

90.   I.R. Marie, victoire, caroline Maffou âgée de 14 ans 6 mois décédée le 23 février 1817 — Malgré son jeune âge elle fut un modèle de piété et d'amour filiale.

91.   C.G. Anne, Clinard âgée de 73 ans femme de Jacques, françois, Doublet décédée le 16 juin 1817.

92.   C.G. Thérèse, Françoise, Henriette, Gourdineau, de Chandri, Damoiselle décédée le 28 novbre 1816. âgée de 61 ans épouse de Messire Henri de Rochas Capitaine de cavalerie, membre du collège électoral du Loiret.

de toutes les vertus elle fut l'assemblage,   l'inexorable tems, dans la vigueur de l'âge
ô regrets! ô douleur! ô trop malheureux sort,   Sans pitié la soumet aux rigueurs de la mort:

93.   I.R. Thérèse, françoise, henriette, Gourdineau, née à Beaugency de Mr. François, henri, Gourdineau, Ecuyer, Sr de Chandry et de Thérèse joseph Chaubert ses père et mère, le 16 juillet 1775. mariée à Mr. de Rochas capitaine de Gendarmerie le 2 juin 1796. Décédée à orléans le 28 novbre 1816.

Seul objet de mes pleurs, ô douce et tendre amie,
Ton ame en Dieu, jouit du Souverain bonheur;
Je ne puis plus porter le fardeau de la vie
Bientôt je te verrai dans un monde meilleur.
De cet heureux séjour ô ma fille chérie,
Eclaire en attendant ici mes faibles pas:
T'égaler en vertu voila l'unique envie,
De celle qui devait devancer ton trépas.

I.R. Thérèse Joseph, Chaubert veuve de Messire françois Louis, Gourdineau Ecuyer Sr de Chandry née à Beaugency le 23 juillet 1734. Décédée à orléans le 18 decembre 1821. Victime de l'amour maternelle et ayant éprouvé le malheur à l'âge de 83 ans de perdre sa fille unique tout son bonheur, le seul objet de ses affections et est restée sans consolations —

94.   I.R. Olimpe, désiré, françois, Dollé fils âgé de 20 ans décédé le 3 oct. 1823.

95.   I.R. le C.s de Mr. Jean, françois Crosnier, Nég.t à orléans décédé à Bourry le 15 avril 1823 âgé de 58 ans inhumé dans ce Cimetière le 16. Veuf de Mme Marie, Louise, Elisabeth, Marchand et épousa sa Mme Thérèse Marchand ô vœu qui l'aver comme pleurer

96. M.r   I.R. le C.s de charles, martial, Parisis Boulanger décédé le 23 avril 1823 âgé de 69 ans 7 mois.

97.

Eugène, Pelletier.

98.   I.R. Elisabeth, Gautier, femme Lecomte décédée le 6 aout 1833. R.I.P. elle.

99.   I.R. le C.t de Jacques, François, Machard Grammont décédé à Orléans le 21 déc.
1816. âgé de 46 ans — Il fut toujours bon époux, bon père, bon parent et bon ami.
                                                                    P.D.P.L. R. de S.A.

100.
                                    M.

101. R.t Aux mânes chéris de notre bonne sœur P.C. Honorine Plisson décédée
le 27 nov. 1833 agée de 36 ans — Repose en paix. Ange de Douceur tes frères
et sœurs te pleureront longtems et te regretteront toujours.

102.   I.R. le C. d'André, Sébastien, Bouri chantre de S.t Paterne décédé le 31 mars 184
il est mort en bon chrétien.   priez Dieu pour son âme.

103.   I.R. le C.t d'Auguste, Antoine, à Autanis né le 27 avril et décédé le 10 Déc. 1825.
              Mon fils dors en paix, tandis que ta mère a perdu le repos.

104.   I.R. le C. de Madeleine, Rivet décédée le 21 Aout 1825 agée de 67 ans épouse de
Noël, Augustin, Dumeys.   P.D.P.L. R. de S.A.

105. R.t   Henri, Victor, le Camus né à Paris le 10 nov. 1804.
11 novemb. 1823.   Et vous aussi Théodore, Adrien!

106. M.t   André, Augustin, le Camus, honneur 1.er commis directeur au
Trésor Royal né à Paris le 10 février 1761 . . . . . 27 mai 1824.
        Quis desidero . . . . modus tam cari capitis.

107. T.   I.R. le C.t de Dame Adélaïde, Sophie, Barbot, épouse du S.t Germain, Morcel,
M.t couverturier à Orléans Décédée le 14 avril 1816.   R.D.P. le R. de S.A.
Dans cette même tombe repose Germain, Morcel, son époux fab.t de couverture
Décédé le 4 sept. 1823. Agé de 61 ans.   R.D.P. le R. de S.A.

108.   I.R. Dame M.le Cath.ne Dela Cruculle de Coinces V.ve de M.r Bailère à
Dorncy Décédée le 26 aout 1786. inhumée la première dans ce cimetière.
                                                            P.I.P. le R. de S.A.

                        S.t Carré

S.t Carré

109.   I.R. le C.t de Dame Marie, B.ne Potier, épouse de Clément, Chabit,
agée de 39 ans décédée le 27. Sept. 1816.

110.   I.R. le C.t de Louis, Georges,   I.R. le C.t de Henri, Adolphe,
fils de M.r Couet de Montaran   fils de M.r Couet de Montaran
mort au mois d'Aout 1813 âgé   mort au mois d'Aout 1813
de 3 ans . I.I.I. le R. de S.A.   âgé de 5 ans. I.D.P. le R. de S.A.

111. R.t   A la Mémoire de M.me Clément, Chabit, agée de . . . octobre, décédée le
26 janvier 1855. âgé de 61 ans.

I.R. M.A.V. de Lou Guesille épouse de S.C. Potier, Décédé le 9 nov. 1813 agée de 75 ans.

113. A2. I.R. Mlle Marie, Louise, Esther, de Romand âgée de 14 ans et demi.
Elle joignit à une piété filiale touchante, les talens qui embellissent l'existence et les grâces qui parent la vertu. Elle fut enlevée à sa famille inconsolable le 16 janvier 1814.

114. I.R. le C. de Paul, le Grand, ancien économe de l'hopital général d'orléans décédé le 10 mars 1820 agé de 64 ans.

115. I.R. le C. et Dlle Julie, le Berche Décédée le 6 mai 1820
Prier pour elle et pour ceux de sa famille qui reposent dans cette enceinte.

116. I.R. le C. de Mr Jean, Michel Desloges, Mde Boucher épouse de Marie Anne, scholastique, Beauchaire décédée subitement le 25 mai 1820 agé de 41 ans.
Bon fils, Bon époux, Bon frère, Il emporte dans la tombe nos plus vifs regrets et l'estime de ses concitoyens. P.D.L le R de S.A.

I.R. le C. de Mr J.L. Lansen. Agent principal des convois militaires, Décédé à orléans le 2 juin 1820 agé de 46 ans. P.D.L le R de S.A.

118. I.R. le C. de Mr Jean, Bte Ch.me, Chartrain, Notaire Royal à orléans, Décédé le 14 juin 1820. agé de 67 ans 5 mois, prier Dieu pour le repos de Son ame et pour son fils Auge Joseph, Maximilien Chartrain, décédé le 6 mai même année, âgé de 35 ans 9 mois qui repose à ses pieds. Prier aussi pour leurs Parens qui reposent dans cette enceinte. R'in pé.

119. Mr A la Mémoire d'Ambroisie, le Cesne épouse de Mse Blanchard, l'ainé nég. Décédée le 2 Aout 1820 âgée de 25 ans.

Soumise et chère à tes Parens,   La mort inéxorable a fini ta carrière
Fidèle épouse, et tendre mère   Mais dans nos cœurs hélas! tu vivras longtems.

120. I.R le C. de Mlle Me Victoire, Mérat, dame des pauvres de la paroisse de St Sueul d'orléans, décédé le 3 avril 1818 agée de 63 ans. P.D.L. le R de S.A.
Ce pieux monument par les Siens érigé, — De leur constant amour est le gage assuré.

121. I.R. le C. de Mlle Me Mad. Mérat, décédée le 26 février 1819 âgée de 61 ans
Ce pieux monument par les siens érigé, — De leur constant amour est le gage assuré.

122. I.R. le C. de Mde Marie, Anne, Mérat épouse de Mr Benoit, décédé le 11 aout 1818 agée de 58 ans. P.D.P. le R de S.A.
Ce pieux monument par les siens érigé — De leur constant amour est le gage assuré.

123. I.R. Mlle Théoph. de Lockart Aimable enfant fils unique, enlevé à ses parens le 1er novembre 1816. à l'âge de 3 ans 5 mois 10 jours.

6.eme Carré

6.eme

124. Mt J.B. P.A. Rondonneau, Ancien Nég.^t Décédé le 13 Février 1820 — Erigé par Marie, Madeleine, Coignet son épouse.

125. T "à la Mémoire de deux enfans tendrement aimés. Charles, Louis, Augustin, Marie Tassin de Beaumont le 16 juillet 1817 âgé de 10 jours. Louis, Augustin, Albéric, Marie Tassin de Beaumont le 23 Aout 1819 âgé de 14 mois 18 jours.

126. I.R. les C.^s de Marie, Suzanne, âgée de 10 jours.
de Marie, Athénaïs, âgée de 6 jours.
de Marie, Léontine, âgée de 30 heures.
Sœurs Jumelles, nées le 11 Déc. 1811, enfans de M^r. Tassin de Charsonville et de M. J. Jacques, Demainvile son épouse.   R. in pace.

127. T ici repose un enfant chéri, —— Mères infortunées priez sur lui — Jules, Baligand né le 23 nov.^b 1798 décédé le 5 déc. 1810.

128. I.R. le C.^s de D.^e Marie, Anne, Levassort de Meung âgée de 64 ans, épouse de Salvaire, Breteau, décédé à Orléans le 23 février 1814.

129. I.R. le C.^s de Alexand.^{re} Lecouvée, âgé de 30 mois décédée le 5 mars 1819.

130. I.R. le C.^s de P. Porthault, décédé le 8 avril 1819.

131. M^r. Desfrancs 16 Aout 1814 ——

132. I.R. le C.^s de Jacques, Alexis, Bussière, épouse de Dame M.^{ie} J.^{ne} Roulet décédé le 22 juillet 1814 âgé de 55 ans.   P.D.P.L.R. de S.A.

133. I.R. le C.^s de Louis, Marcel, henri, Chénaut né le 7 janvier 1818 décédé le 1.^r Aout 1819.

134. T I.R.^t Anne, Désiré, le Turcq, morte le 18 juin 1817 âgée de 15 ans
Mlle Anne, S.^{de} f.^{te} le Turcq, morte le 23 Sept. 1819 âgée de 10 ans.

135. I.R. le C.^s de Mess.^{re} B.^{ron} de Luchet, chevalier, né à Saintes le 22 oct.^b 1746, et décédé à Orléans le 27 sept.^b 1810, Regretté de tous ceux qui connurent ses vertus sociales et chrétiennes; Son épouse qui ne le quitta qu'à la mort a fait marquer sa tombe de cette croix, pour y reposer un jour avec lui. P.D.P. le R. de S.A.

136. C.C. Abraham, françois, Delacroix, Nég.^t à Orléans décédé le 16 nov.^b 1819 âgé de 64 ans.
Les regrets de sa famille seront aussi longs que le souvenir de ses vertus. P.D.P.L.R. de S.A.

137. Ci gît repose le corps de Jean, Hauduroy, D & D le 20 mai 1811 âgé de 57 ans.

138. C.C. Charles, Delacroix, âge d'un an 14 jours décédé le 27. Sept. 1820.

139. T I.R. le C.^s de M^r. Simon, Partin, Nég.^t à Orléans né le 30 avril 1763 décédé le 12 nov.^b 1819.

140. T I.R. le C.^s de Denis, constantin Lefevre-Coulombeau âgé de 50 ans décédé le 18 mai 1814. Il fut bon fils, bon époux, bon père et bon ami. Il fut le modèle des vertus sociales et vivement regretté.   P.D.P. le R. c S.^{ct}.

161. T   A la mémoire de Mr. Pierre, Antoine, Faivre, ancien capitaine de
Grenadiers, chevalier de la légion d'honneur, mort le 13 mars 1814 âgé de 52 ans.

142. T   I.R. Anne, Marie, Madeleine, Brouillet, de la Carrière Marquise
de Hallot décédée le 7 octob. 1821 âgé de 91 ans.   R. in pace

143. M*   A la mémoire de Marie, Ste catherine, Ratoré Chenu, épouse de
Laurent Desiré, chenu décédée le 26 oct. 1619.

144.   I.R. le C. de Mr henri... ..... femme de S. B. chassinat ancien traiteur
decedé le 23...

145.   I.R. le C. de Jacques, Lutin, prêtre vicaire de Gien agé de 37 ans décédé
le 17 avril 1806.   P.D.P. la R. de S.A.

146.   C.G. Mr Jean, Pierre, Desnoues, décédé curé de St Saul le 26 avril 1840
agé de 68 ans. Dieu l'a éprouvé et l'a trouvé digne de lui.   R. in pce

147. T   I.R. le C. de Made Marguerite, charlotte, Marchant Vve de Mr henri,
Quinton, décédée le 8 décl. 1816   P.D.P. le R. de S.A.

148. M*   D.O.M. I.R. le C. de Mr (Amori) claude, Marchant, Prêtre, chanoine
honoraire et Archiprêtre de l'Eglise cathédrale d'orléans décédé en la dite
ville le XXII Aout MDCCCXXII dans la IXXXIIe année de son age. P.D.P. le R. de S.A.

149.   C.G. Edouard Michel Benoist 1822.

150. T   I.R. Massre françois, Alexandre, Geffrier, écuyer membre du Conseil municipal
de la ville d'orléans décédé le 24 mai 1821, à l'age de 68 ans et demi. P.D.P. le R. de S.A.

151.   honorer son Mari, mériter sa confiance, gouverner sa maison, veiller
sur sa famille, se dévouer pour les autres et s'oublier soi-même; se rendre
irréprochable par la pratique des vertus, et cacher toutes ses qualités sous le
voile de la modestie; tels sont les devoirs d'épouse, de Mère, de chrétienne;
telle fut la vie de Madame le Normant, Damoiselle, épouse de Messire
françois, Alexandre, Geffrier, écuyer, décédé le VI février MDCCCXX âgée de LXVI
ans III mois VI jours.   P.D.P. le R. de S.A.

7e Carré

152. T   hic jacet Natalia Maria Miron Vandebergue; carissima sponsa, dilectissima
Mater desiderata parentibus et amicis catholica fide, mortuam sed absentem flet
maritus; ô utinam eodem tumulo quondam ab hominibus cumulatus adeà spe
et caritate cum eâ felicitatem eternam creatur. Obiit anno domini 1806; maris 17 etatis
suæ 33.   R. in pace Amen

153. T   D.O.M. Dame Marie, thérèse, Seurrat, veuve de Mons. Claude, Vandebergue
Comme fille, épouse et mère chrétienne elle donna l'exemple de toutes les vertus, elle
mourut le 2 mars 1815 à l'âge de 60 ans 9 mois et quelques jours carrière trop

courte pour sa famille ses amis et les pauvres. Ses enfans en pleurs, pleins
de respect pour sa mémoire ont fait poser cette pierre sur sa cendre le ... du
mois d'avril de l'an 1815. ______

154.   Hic jacet M. Mauricius, v. Mirou pulcherrimus infans filius et frater
dilectissimus, ... ejus maeror semper renascens, jam non sopitus dolores
... Vixit ... menses XXIV dies obiit die quinta decima augusti 1818.

155. T   Hic jacet, Joseph Bernard, Presbyter Diœcesis foro juliensis DD Ludovici scoti...
de ... Episcopi ... olim ... ac præcentor des
et hominibus dilectus, cunctis affabilis, et ... in pauperes ac ... domini
liberalitate commendabilis. Obiit Aureliæ die 30 maii 1817 ann. natus 70
cum ... Diebus ______   R in p...

156. Mt ce Monument placé par la piété filiale couvre la dépouille mortelle
de Lignard, Julien, le Fort ancien Négt en cette ville, Président du Tribunal
de commerce, administrateur de l'hôpital général, député par le bailliage
d'Orléans aux états généraux en 1788. Il y deffendit avec une constance
soutenue sa religion et son Roi ______ Il est décédé à Orléans le 19 mars 1812.

157.   Ci git Charles, Battus 1810. ______

158.   I.R. la Ct de Dame Marie, Madeleine, Sauret agée de 31 ans Décédée le
31 Août 1810. épouse de Jacques, Vaillant, Md épicier ... des ... à Orléans
       P.P.P. le P.D.S.A.

159.   Marie, Anne, Couchet D.C.D. en l'an 1809 femme Corent.

160.   C.G. J.B. Bouchet Md Serrurier né le 21 mars 1765 décédé le 12 mai 1819
       p.a.p. le P. de S.A.

161. Mt   A la Mémoire de Ch. M. de la Gardette Architecte né à Paris en 1762.
Il fut le Vignole de son tems, lui seul fit bien connaître les ruines de Pœstum
et mourut pauvre à l'age de 55 ans.
Simple et pur dans ses mœurs comme dans ses compositions il fut l'ami et le
père de ses élèves
N... ce Monument offre le portrait en bronze et en demi relief, de Mr de la
Gardette, c'est un des plus remarquable de ce cimetière par son Architecture
et par le souvenir des talens de l'homme vertueux, dont il couvre le reste.

162.   C.G. Geneviève, Jeanne, Adam Veuve de Jean, Augustin, Victor,
Margouiller Décédé le 6 Août 1805.   P.D.P.P.R. de S.A.

163.   I.R. le Ct de Mde Marie, Ste Elisabth. Marchand décédée le 26 avril
1819 âgée de 54 ans épouse de Mr Jean françois, Crosnier, Négt à Orléans
Vous qui l'avez connue pleurez   P.a.y. le P. de S.A.

164. Le 12 février 1810 est décédé le bon pere Laurent, Bourdon, âgé de 79 ans épouse de Marie Jeanne, Desbrosses.

165. M.t I.R. Marie, Angélique, félicité, Burdet, décédée le 19 mars 1819, à l'âge de 19 ans. Elle fut vertueuse, compagne chérie de sa bonne mère; tendrement aimée de ses parens; et pleurée de tous ceux qui l'ont connue.

166. T Cigit C.ne P.re J.ne Ratouis, Morte le 1.r juillet 1810 âgée de 14 ans. P.D.P. le 2 de S.A
Jeunesse, esprit, talent beauté divine, De l'encens des Mortels le ciel était jaloux,
Un moment réunis, ont brillé parmi nous, Et ce marbre glacé renferme Caroline.
A Suzanne, Justine, Coulombeau, femme Ratouis.
les enfans et ton époux viendront pleurer sur ta tombe, verser des larmes,
amères et diront c'est ici que repose la meilleure des Mères.

167. I.R le C.t de Mad.e Elisab.th vernois, épouse de Mr Jean, Grégoire, David orléan le 12 mars 1813.
fab.t de poterie décédée le 23 oct. 1818 agée de 69 ans. p.d.p. le 2 de S.A.

168. I.R. Marie, henriette, Adélaïde, Sevestre femme Langlois décédée le 6. oct. 1818 à l'âge de 26 ans. P.D.P elle.

169. I.R. le C.t de Messire René, Jacques, claude, Dupont D'Aubevoye, Marquis de la Roussière, et d'Oysonville, ancien officier de cavalerie, et chevalier de l'ordre royal et militaire de S.t Louis, décédé le 13 janvier 1818, âgé de 81 ans.
Tendre époux, bon parent, ami dévoué, fidèle serviteur de Dieu et du Roi, il emporte les regrets de tous ceux qui l'ont connu, mais surtout des pauvres dont il fut toujours le père. Sa Veuve pour calmer sa douleur et vous engager à prier pour l'âme de son mari, a fait élever ce monument à sa mémoire et rétablir la Croix, qui est au milieu du cimetière.

170. I.R le C.t de françoise, Sophie, Dumuis, agée de 42 ans, épouse de Denis, françois, lubin, Piédor Nég.t décédée le 5 ventose an 10 paroisse de S.t Jean le Blanc inhumée le 6 présent mois au cimetière S.t Jean. P.D.P. le R de S.A.

171. T C.G. Anne, charlotte, Salignac de la Mothe Fénélon veuve de Messire de Delay de la Garde; Baron d'Achères, et de Rougemont, ancien maître des requêtes, et président du grand conseil &c &c &c Décédée le 31 mars 1819 dans sa 85.e année. Elle s'est montrée la digne nièce du grand Fénélon, par son amour pour Dieu, par ses aumônes abondantes, par la pratique de toutes les vertus; Dieu veuille exercer envers elle la miséricorde qu'elle a exercée envers ses frères. Ce Monument a été érigé à une mère tendrement aimée, par Elisabeth, charlotte, de Delay de la Garde, Damoiselle, Veuve de Mess.re Pierre de Bordenave procureur général au cidevant Parlement de Pau:

172. hommage rendu par la pieté filiale à la mémoire de Mr Pierre, Guillaume Delaune, entrepreneur de bâtimens, mort à Orléans le 24 juin 1818, honoré de l'estime et de la confiance de ses concitoyens.

173. T À la Mémoire de Mr Antoine, Tschereau Conseiller en la Cour Royale d'Orléans décédé le 7. janvier 1817.

174. Marie, Anne, Dangé Ehermes Veuve Nivet décédée le 21 Déc. 1814.

175. T C.G. le C. de Mr Etienne Antoine, Baschet de St Aignan, Conseiller de sa Majesté en la Cour d'Orléans décédé le 28 Déc. 1814, agé de 71 Ans.

176. Mt C.G. Salomon Lazare, Johannet ... président du Tribunal civil d'Orléans, membre du conseil municipal, ancien Bâtonnier de l'ordre des avocats, ancien Député du Loiret au conseil des cinq cents, décédé le 25 Déc. 1824 dans sa 62e. année.

Mon Dieu, souvenez vous de ... dévouement à votre cause dans des temps difficiles, de son austère probité, des nombreux services qu'il a rendus, de la confiance avec laquelle il s'est endormi dans votre sein.

Opera eorum sequuntur illos ... Conceptio a longue ... 26 février 1825.

177. Jacques Nivet décédé le 27 février 1813.

8e Carré

178. I.R. Madeleine, Elisabeth, Percheron et Marie, Owige, Estelle, sa sœur décédée le 23 nov. 1811, et Marguerite, Thérèse Eugénie leur autre sœur, décédée à l'âge de 20 ans le 3 mars 1822. p.d.p.l.R.d.l.A.

179. C.G. Dame Anne Catherine Celard épouse du Sr Louis, Félix Bellement décédé le 4 juillet 1806 à l'âge de 20 Ans le 3 mars 1822. p.d.p.l.R.de S.A.

Femme aimante et chérie, ses vertus l'aidèrent à braver le malheur, la consolèrent de la vie et lui firent rencontrer le bonheur dans un époux qui l'adorait et dans ses enfans qu'elle aimait. p.d.p.l.r.d.s.a

180. I.R. le Maréchal de camp, Grand-jean, Commandeur de l'ordre Royal de la Légion d'honneur, décédé le 2 Déc. 1824, agé de 65 ans. P.D.P.L.

Avec courage au champ d'honneur	Un brave qui toujours à l'honneur fut fidèle,
Il a défendu sa patrie,	A mérité sans doute un meilleur Tombeau,
Et dans la Paix suivant son cœur,	Mais il est toujours le plus beau,
Il a fait le choix d'une amie.	Quand la Gloire y fait son sacrifice.

181. I.R. le C. de Th. M. Emilie Heme agée de 18 ans ... épouse de J.B. Louis Heme de cette ville décédée le 27 avril 1814 et Mr Heme sa fille morte en naissant enterrée à sa droite. Fille tendre, bonne amie, bonne épouse, elle eut ... bonne mere. P.D.P.l.R.d.S.A.

182. Mr   I.R. Jérôme, François, Niord, Marbrier, décédé le 6 novbre 1824, âgé de 37 ans — Il laisse sa veuve et ses enfans et ses amis inconsolables de sa perte

183.   C.G. Sauveur, Roger, fils, époux de Me Jne Jse Margouiller décédé le 27 janvr 1807. p.p.lui. p.d.p.le r de S.A.

184.   Ant. Tronquet décédé le 6 mars 1813.

185.   I.R.le cs de Pierre, Callier, époux de Me Suzne Sézeur, décédé le 3 avril 1818 âgé de 75 ans   p.d.p.le r de S.A.

186.   I R le cs de Madame Me Louise, Elisabeth, Liger épouse de Mr Jean, Louis, Lanson, Agent principal des convois militaires, décédé le 13 mars 1818. âgé de 51 ans — Chérie de son époux, de son fils adoré, De sa famille elle fut regrettée.

187.   C.G. le corps de Dme françoise, Avoie, Desbois Bouard âgée de 31 ans, décédée le 28 novbre 1824 — Ses vertus la font regretter   p.d p.l r.d.s.a.

188.   I.R.le cs de Mr Louis, Etienne, Couillard, Négt à Orléans décédé le 9.8bre 1824 époux de Mde Madeleine, Percheron, il laisse en mourant pour le regretter et chérir sa mémoire son Epouse et Onze Enfans.

189.   I.R.le cs De Dlle Mie htte Fillelin Archambaut décédée le 8 février 1818 agée de 53 ans. Elle fut l'exemple de toutes les vertus morales et sociales.
Sa famille inconsolable lui a fait ériger ce monument comme un hommage qu'elle rend à sa mémoire — Ô toi soeur chérie qui fut ma compagne et ma plus tendre amie, j'espère qu'un jour nos cendres réunies sortiront ensemble du limon de la terre pour aller à Dieu dans la céleste patrie — P d. p. le R de S.A.

190.   I.R.le cs de Mme Made Payé née le 5 oct 1764 décédée le 15 juillet 1806 épouse d'Etienne, Paul, Dondeau, Boullanger, nièce de J.B. Dondeau, D.J.A. Dondeau, S. Dondeau, S.N. & Dondeau, D.C. Dondeau ses Cinq enfans —

191.   I.R.le cs de Louis, Le Normand âgé de 61 ans décédé le 18 juillet 1810. p d p.l.r.d.s.a.

192.   I.R.le cs de Me Lsanne Leroi femme Patricot décédée le 8 janvier 1806.

193.   I.R. Charlotte, henriette, de Sailly, Veuve d'Armand, Joseph, de Buchepot, né le 15 décbre 1774, Morte le 30 avril 1822 — Vous qui l'avez connue ne l'oublier jamais et prier Dieu pour elle. —

194.   I.R.le cs de Mlle Me Marguerite, félicité, Bonneau décédée le 9 mai 1817 agée de 29 ans   p. d.p.le r. de S.a.

195.   I.R. Zénaïde, Hersant Desmares, décédée le 10 Aout 1817, âgée de 6 mois, 25 jours — Nos Deux coeurs réunis, ont planté cette croix — Amen

196.   I.R. les cendres de Thérèse, Elisabeth, Delaporte veuve de Louis Bouard décédé le 14 avril 1818, agée de 37 ans — Restée veuve à 24 ans elle refusa

de contracter un nouvel hymen pour faire le bonheur de sa fille. Pieuse
et charitable ses vertus la font également regretter des pauvres et de
ses amis. — ________________ p. d. p. le a. d. s. a.

197. † A Messre Gl André, Baron d'Oberlin Mittersbach, chevalier
immédiat du St Empire, Ancien Grand-bailli d'épée du Duché Pairie
de château Thierry, chevalier de St Louis, officier de la Légion d'honneur,
Maréchal de camp, Prévot du Loiret, décédé à Orléans le 8 avril 1816. —
Sa Veuve et son fils. — ________________ R in pace.

198. C. G. Elisabeth, Henry, épouse du Sr Philbert Thierry ancien md de Bourbon
à Orléans décédé le 30 mars 1818 âgée de 70 ans —

199. I.B. les cs de Mie Madve Tardieu Vve sébastien Evillon, remariée avec le
Sr l'Ange, en 2e noces décédée le 25 aout 1824. Elle fut bonne épouse et bonne
mère — ________________ p. d. p. elle

200. I.R. le cs de l'Enfant de Mr Evichy, Alexandre, âgé de 2 ans et 2 mois
au 2e Régiment au 2e Bataillon de voltigeurs de la garde Royale décédé le
25 Aout 1824. ________________ p. d. p. lui et s. a.

201. A la Mémoire de L. A. Larelle épouse de C. A. Vignet née le 17 juillet
1794. décédée le 18 mai 1824. ________________ p. D. journalle

202. † I.R. le cs de très honorable et très religieuse Dame Anne, cath. Grenet
décédé le 13 mai 1824 à l'âge de 61 ans Epouse de Mr Louis, Auguste, Pillé. Négt.
chevalier de l'ordre Royal de la Légion d'honneur, Membre du conseil municipal,
et capitaine commandant la Compagnie des Sapeurs Pompiers d'Orléans —
________________ p. D. p. elle

Allée principale

Allée principale

203 † I.R. Talbot Chester* fils de Mr henry Chester propriétaire en Irlande et
de Laurionne Dillon. Né à Courtown-house, Comté de Southeen Irlande
le 3 7bre 1813, décédé à orléans paroisse St Paterne le 19 8bre 1816. p. l. p. le R. i. s. a.
* Nta c'en un descendant du capitaine Talbot, fameux au tems de Jeanne d'Arc.

204 H. J. joannes Nic. Bereau aurelian. juvenili aetate. maturus functus sacerdotis
et habens laudem in ecclesia Sancti Petri vulgo de Trainou, Mox obficium catholic.
splendidus exul. deinde religiosus rebus, felicitas in Gallia restituti in ecclesia St.
Quintini de Bacon. quœen per triennum audem in magno Democritii Aurel.
per quinque annos sacris studiis ni peribus devotus obiit die 4a mens. August.
anno R. S. 1810 aetatis suae 55. Superstitibus, amicis omnibus denique communi p. D. D.

205 † Ici gissent Mde Angélique, Anne, d'Isabet épouse de Mr Daniel, Guy.
Dufaur de Librec Ancien Capitaine de Cavalerie, ancien chevalier de St Louis

96.

adjoint à la Mairie d'Orléans, Membre de la commission administrative
des hospices civils et du bureau central de bienfaisance de la même ville,
décédé le 19 nov.br 1818, et M.r Armand, Léopold, Gratien, Dufour Pibrac leur fils, décédé
le 24 oct.bre 1806 âgé de 16 ans.   P. d. p. le r. des.r.

206. T   I.R. le C.s de Mess.re Jean, Baptiste, Barbazan, licencié en droit français et
canon, vicaire général du Diocèse, chanoine honoraire de l'Eglise d'Orléans,
curé de la paroisse de S.t Paul, décédé le 24 mars 1816, âgé de 85 ans.
              La Paroisse de S.t Paul reconnaissante   P.D.P.S.a.

207.   Marie, Anne, d'Anglebermes, v.ve Nivert, décédée le 21 déc.bre 1814.

208.   I.R. Mad.e Marie, Madeleine, Louise, Charles, Gabriel de Villedieu
morte à Orléans le 2 juin 1811. Veuve de Mess.re Augustin, Pierre, Marie,
Bigot, chevalier vicomte de Morogues, major de Vaisseau, mort à Orléans et
inhumé le 8 mai 1788. — Leurs enfans Augtin françois, M.r Bigot vicomte de
Morogues. 2.e M.r Seb. Bigot Baron de Morogues, 3.e ... M.e Elisab. l.re épouse
de Mess.re Ant.e L.s Pinon Marquis de S.t Georges, pleins de respect et de vénération
pour leur mémoire leur ont élevé ce monument de leur éternel regret et de leur
éternel amour. — Prier Dieu pour eux. et imiter leurs vertus. —

N.ta Ce tombeau d'un style sévère et bien exécuté est très remarquable (C'est l'ouvrage
de M.r N.as Romagnesi) Les armoiries qui le décorent rappellent deux familles dont
l'existence fut dévouée à leur pays 1.e celle de M.r J. Gabriel Conseiller du Roi, inspecteur
général de ses bâtimens &c. 1.er Architecte et 1.er Ingénieur des ponts et chaussées
du Royaume Annobli en 1709 pour les nombreux services qu'il rendit à l'état
2.e celle des Bigots originaire de Normandie et établie dans le Berri à la fin de 1300.
avec le titre de Vicomte de Morogues. Presque tous les membres de cette maison
dont l'origine remonte à 1100, ont servi leur pays avec distinction, et la noblesse
dont ils ont joui, n'a jamais été prisée par eux, que comme un titre, qui leur imposait
l'obligation d'être utile à leurs concitoyens. —

On élève en ce Moment en face de ce tombeau une chapelle sépulcrale destinée
à la famille Béguenant.

Notes du Cimetière S.t Vincent et du Cimetière S.t Jean. —
Presque tous les Monumens des 2 Cimetières sont faits par M.r Sayen Marbrier, et gravés par M.elles ses filles.
(46). — Peu de personnes usèrent de cette faculté, et les épitaphes furent marqués avec du plâtre.
(48). M.r M.r Pollnche et Maigreau.
(47). Pendant la révolution on ne respecta pas plus la mémoire des morts que les droits des
vivans. Le peu d'Epitaphes qui se trouvaient dans les nouveaux cimetières disparurent
et l'on démolit 8 à 10 arcades que des particuliers avaient fait construire.
(48). On l'appelle aussi cimetière du Champcarré à cause de la place de ce nom qui le précède.
(49). Nous suivrons cette division de carrés, dans les deux cimetières en donnant le n.r I.
(1) au premier carré à droite de la grille d'entrée (Voyez les plans.)